（暢銷修訂版）
鐵道的科學

認識鐵道的運行技術與原理，
更快速、更便捷、更舒適的祕訣是什麼？

川邊謙一◎著　林芳兒◎譯

晨星出版

前　言

　　鐵道是隨處可見的交通工具。平時使用鐵道來上下學、上下班的人，或是用來逛街或旅行的人也不少。尤其是居住在都市的人，搭乘電車已是生活的一部分，應該也會有人覺得有鐵道這件事是理所當然的。可是，有時若用不同的觀點來看鐵道，原本認為理所當然的事，也會覺得不可思議。

　　例如，鐵道有令人難以察覺的特徵。其一就是其**公共性極高，是一個能強烈表現地域性的交通工具**。

　　以飛機、汽車或船來說，也有噴射客機「波音777」、豐田汽車「PRIUS」或大型渡輪「飛鳥II」一樣，在世界各國也可以看到各式各樣的種類。可是，從未見過可自由奔馳的鐵道車輛。原因是世界上存在著各種不同規格的鐵道，而且它們並未有所連結，可以使用的鐵道車輛自然受到限制。這裡所謂的規格，是指對應的軌距（左右軌道的間隔）、鐵道車輛的大小、搭載的電氣種類等。

　　若是載客用的鐵道車輛，為了要讓乘客在車內度過一定的時間，便會反映出當地人們的價值觀或文化、時代的需求等，讓乘客能更方便利用。因此鐵道車輛為了因應地域或時代，製造出了各種樣式。這就是為何運行的鐵道車輛會依國家或地域而有不同的種類。

　　觀賞不同型態及色彩的鐵道車輛是種樂趣，但即使記住了它的種類，也無法完全理解鐵道。還不如先了解鐵道的根源，再去探求鐵道車輛種類增加的理由，便能更快地理解鐵道，並且了解就算一樣是人，每個地域對於鐵道的想法也會不一樣，反而更有樂趣。

　　很少有鐵道書籍會有這樣的序文。書店裡雖然會看到各式各樣

的鐵道書籍，但大多都是介紹日本鐵道車輛的種類，很少會兼顧到全世界的鐵道。

　　本書就是想作為鐵道的入門書，**儘量去觸及鐵道的根源，並介紹鐵道是如何衍生發展至今**。另外，為了讓大家能投入鐵道的畫面並加以了解，書中也刊載了各種國內外的鐵道照片。只要大致瀏覽過一遍，應該就能明白日本的鐵道和國外鐵道相較之下的特殊之處了。

　　日本是應用了從歐美學習而來的鐵道技術，配合日本的特殊地理條件或運送需求因應而成。結果就像是新幹線或東京的都市鐵道般，創造出了全世界罕見的鐵道系統。它是只配合日本特殊的環境所開發出來的，不一定能直接複製到海外，但個別將技術複製的例子倒是不少。

　　例如，日本製的電車不只是中國或印度等新興國家，也能在曾學習過技術的英國或美國行駛。舉例來說，連結英國及法國的英法海底隧道，就是以日本技術挖掘的隧道。不過，這並不代表日本的技術都很優秀，現在日本也正向海外學習技術當中。像這樣透過鐵道可以客觀看待日本一樣，也可以增廣鐵道之外的見聞。希望本書可以助上一臂之力。

　　在本書的製作過程當中，承蒙各個鐵道相關人員的建言及協助。另外，也承蒙科學書籍編輯部的石井顯一先生、內文設計兼藝術指導的BEEWORKS工作人員的關照，本人在此致上最誠摯的謝意。

2013年7月　川邊謙一

CONTENTS

前言 …………………………………………………………… 4

第1章　什麼是鐵道 …………………………… 9

1-01　什麼是鐵道？ …………………………………… 10
1-02　鐵道是半調子？ ………………………………… 12
1-03　鐵道延續下來的理由 …………………………… 14
1-04　鐵道的運送規模 ………………………………… 16
1-05　能源消耗與鐵道 ………………………………… 18
1-06　日本人與鐵道 …………………………………… 20
1-07　鐵道的原點是古代的石疊 ……………………… 22
1-08　為何是「鐵」道？ ……………………………… 24
1-09　為何車輪可以通過彎道 ………………………… 26
1-10　軌道和車輪都是「鐵」，不會打滑嗎？ ……… 28
1-11　有不仰賴摩擦而前進的鐵道？ ………………… 30
1-12　有靠橡膠輪胎行走的電車？ …………………… 32
1-13　鐵道工學是綜合性工學？ ……………………… 34
專欄1　斜坡與彎道 …………………………………… 36

第2章　各種鐵道車輛 ………………………… 37

2-01　車輛的分類①　以用途區分 …………………… 38
2-02　車輛的分類②　以動力區分 …………………… 40
2-03　車輛的分類③　以動力配置區分 ……………… 42
2-04　車輛的種類①　電車 …………………………… 44
2-05　車輛的種類②　電氣機關車 …………………… 46
2-06　車輛的種類③　柴油機關車 …………………… 48
2-07　車輛的種類④　柴油車 ………………………… 50
2-08　車輛的種類⑤　雙動力車 ……………………… 52
2-09　車輛的種類⑥　蒸汽機關車 …………………… 54
2-10　車輛的種類⑦　客車與貨車 …………………… 56
2-11　車輛的種類⑧　特殊車與保線用車 …………… 58
專欄2　費工的蒸汽機關車之準備工作 ……………… 60

第3章　鐵道車輛的構造 ……………………… 61

3-01　車輛的基本構造①　車體與台車 ……………… 62
3-02　車輛的基本構造②　大小的決定 ……………… 64
3-03　車輛的基本構造③　車體與車內 ……………… 66
3-04　車輛的零件①　連結篇 ………………………… 68
3-05　車輛的零件②　煞車裝置 ……………………… 70
3-06　車輛的零件③　加熱器與冷卻器 ……………… 72

3-07	車輛的零件④　集電裝置	74
3-08	車輛的零件⑤　座位與門	76
3-09	車體的構造①	78
3-10	車體的構造②	80
3-11	車體的構造③	82
3-12	構造特殊的車輛①	84
3-13	構造特殊的車輛②	86

專欄3　作為發電設備的電源車 ⋯⋯ 88

第4章　新幹線與高速鐵道 ⋯⋯ 89

4-01	什麼是新幹線？	90
4-02	全世界的高速列車	92
4-03	為何新幹線的「門面」很奇怪？	94
4-04	新幹線高速化的障礙是噪音？	96
4-05	迷你新幹線並非新幹線？	98
4-06	開發中的可變軌距列車	100
4-07	增加了第1列車的輸送力	102
4-08	Dr. Yellow	104
4-09	冬天也要讓列車安全行駛	106
4-10	懸浮並且能更快速行駛	108
4-11	超電導線性與高速磁懸浮列車	110

專欄4　黏著驅動的鐵道最快的程度 ⋯⋯ 112

第5章　都市與山岳的鐵道 ⋯⋯ 113

5-01	都市的鐵道①	114
5-02	都市的鐵道②	116
5-03	都市的鐵道③	118
5-04	都市的鐵道④	120
5-05	都市的鐵道⑤	122
5-06	都市的鐵道⑥	124
5-07	都市的鐵道⑦	126
5-08	都市的鐵道⑧	128
5-09	都市的鐵道⑨	130
5-10	山岳的鐵道①	132
5-11	山岳的鐵道②	134
5-12	山岳的鐵道③	136
5-13	山岳的鐵道④	138

專欄5　行駛在專用道上的巴士「BRT」 ⋯⋯ 140

CONTENTS

第 6 章　線路的構造和種類 ……………… 141

- 6-01　軌道的構造① ……………………… 142
- 6-02　軌道的構造② ……………………… 144
- 6-03　軌道的構造③ ……………………… 146
- 6-04　軌道的構造④ ……………………… 148
- 6-05　軌道的構造⑤ ……………………… 150
- 6-06　線路的設備① ……………………… 152
- 6-07　線路的設備② ……………………… 154
- 6-08　線路的設備③ ……………………… 156
- 6-09　線路的設備④ ……………………… 158
- 6-10　線路的設備⑤ ……………………… 160
- 6-11　線路的設備⑥ ……………………… 162
- 6-12　線路的設備⑦ ……………………… 164
- 6-13　線路的設備⑧ ……………………… 166
- 6-14　線路的構造物① …………………… 168
- 6-15　線路的構造物② …………………… 170
- 6-16　線路的構造物③ …………………… 172
- 專欄6　麵包超人列車 ………………………… 174

第 7 章　列車的運行與鐵道的運用 ……… 175

- 7-01　讓列車安全行駛的祕訣① ………… 176
- 7-02　讓列車安全行駛的祕訣② ………… 178
- 7-03　讓列車安全行駛的祕訣③ ………… 180
- 7-04　讓列車安全行駛的祕訣④ ………… 182
- 7-05　讓列車安全行駛的祕訣⑤ ………… 184
- 7-06　讓列車安全行駛的祕訣⑥ ………… 186
- 7-07　讓列車安全行駛的祕訣⑦ ………… 188
- 7-08　票券和自動驗票機① ……………… 190
- 7-09　票券和自動驗票機② ……………… 192
- 7-10　票券和自動驗票機③ ……………… 194
- 7-11　票券和自動驗票機④ ……………… 196
- 7-12　票券和自動驗票機⑤ ……………… 198
- 7-13　塑造更便於利用的鐵道① ………… 200
- 7-14　塑造更便於利用的鐵道② ………… 202

參考文獻 ……………………………………………… 204

第 1 章

什麼是鐵道

為了追究鐵道的根源，
首先就來看看和其他交通工具
相較之下的鐵道特徵以及鐵道誕生的歷史，
試著來探究「什麼是鐵道」吧。

什麼是鐵道？
公共性高的路上交通工具

說到大家再熟悉不過的陸上交通工具──鐵道，其種類包羅萬象。一般來說，是指在鋪有兩條軌道上方行駛的車輛，但是只有單一路軌的單軌鐵道、或是沒有軌道存在的無軌電車，在日本也被歸納於鐵道。

那麼，鐵道到底是什麼呢？法律上的定義是依國家或地域而異，但廣義來說，一般則是被定義為**「沿著軌道等指引路線來行駛、載運旅客（人）或貨物的車輛」**。運送旅客的索道，在現今的日本，是依據鐵道事業法來營運的，因此本書會把它當作是鐵道的同一族群。

交通工具除了鐵道之外，還包括飛機、汽車、船舶，但鐵道具有其獨特的特徵，其一就是它是個**公共性高的交通工具**。

就像飛機會有私人專機、汽車會有自用車、船會有遊艇一樣，它們都是可被個人所擁有、並可以去駕駛的。可是，即使個人可以擁有鐵道車輛，基本上也無法去行駛營業用路線。由於與鐵道事業毫無關係的個人無法取得鐵道車輛的駕照，因此基本上也無法去駕駛。因此即使人們所利用的車輛都是獨立的，但無謂身分或收入，都會利用同樣的列車或車站，所以公共性會提升。但正因如此，作為會和許多人擦身而過、邂逅的場所，它逐漸成為了文學或電影、戲劇、音樂等的題材。在那樣的層面當中，也許它是個凌駕於單純只是交通工具領域的存在。

第1章　什麼是鐵道

各種交通工具

飛機

成田國際機場

船舶

商船三井FERRY「SUN FLOWER」

汽車

首都高速道路「都心環狀線」

鐵道

京成Skyliner

鐵道的分類

```
                ┌─一般的鐵道 ─┬─新幹線
         ┌普通鐵道┤            └─舊幹線、私鐵（民鐵）、地下鐵
         │      └─齒軌鐵路
         │
         │      ┌─單軌 ─┬─懸垂式
         │      │      └─跨座式
         │      │      ┌─橡膠胎式地下鐵（札幌）
鐵道 ────┤特殊鐵道┤案內軌條┤─新交通系統（AGT）
         │      │      └─GBS
         │      ├─無軌條電車
         │      ├─鋼索鐵道
         │      ├─索道
         │      └─磁浮鐵道 ─┬─超電導線性（超電導磁浮式鐵道）
         │                  └─HSST（常電導磁浮式鐵道）
         └軌道 ──路面電車
```

※筆者是參考文獻【3】p.71製作而成。不過，已將法律用語淺白地表現出來、並追加了一部分的內容。

9

鐵道是半調子？
沒有「舵」的陸上大量運送工具

　　鐵道具有優缺點，光看它的缺點，其實是半調子的交通工具。移動的速度贏不過飛機，而且陸上移動的自由度也無法贏過汽車。耗能的程度和船差不多，但鐵道只能在陸地上使用。

　　因此，當第二次世界大戰後飛機或汽車發展之後，鐵道在歐美衰退了，但日本的衰退程度並不如歐美。那不僅是因為飛機或汽車的發展落後於歐美，由於都市人口密度提高、道路變得擁塞，只好倚賴運送效率高的鐵道。當然，由於新幹線的登場，過去只有飛機辦得到的長距離高速運送，現在鐵道也可以了，這也是一大主因。

　　鐵道不過是一種交通工具，但和其他交通工具相比，特徵是安全性較高、可以在陸上進行大量運送，原因就是**不需要操作「舵」**之故。

　　交通工具要到達目的地，不是只是前進而已，必須制定前進路線。因此，就像汽車會有方向盤、飛機會有操作桿、船會有船舵一樣，雖然會有切換掌舵的裝置，但像是電車等鐵道車輛並沒有這個裝備。鐵道車輛的前進路線，是由鋪有路線的軌道來引導，因此不需要操作舵，同時能連結數個鐵道車輛來行駛。所以**不會發生因掌舵失誤而引起的事故，因此安全性高，還可以一次運送許多人或貨物，因此運送效率很高**。之所以會有沒有駕駛的電車存在，就是因為不需要只有人類才辦得到的掌舵工作。

第 1 章　什麼是鐵道

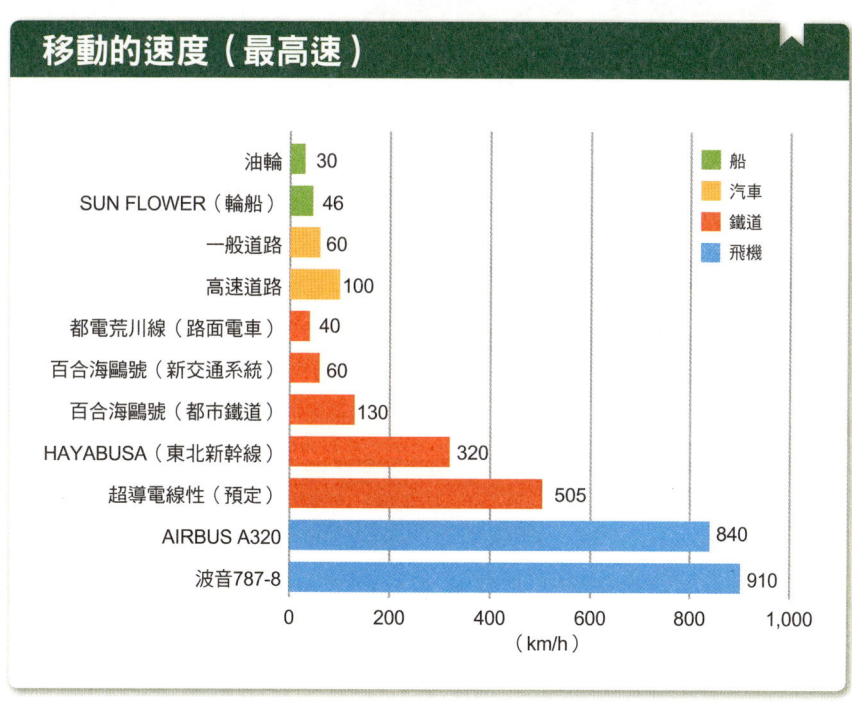

鐵道車輛的前進路線是由軌道引導，因此駕駛不需要掌舵。無駕駛員的無人駕駛便因應而生。

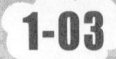

鐵道延續下來的理由
彌補了飛機及汽車弱點的鐵道

　　如同1-02所說，第二次世界大戰後，歐美的鐵道愈來愈衰退。原先鐵道所擔負的角色由飛機及汽車來擔負，因此當時的鐵道才會逐漸蕭條。

　　不過，鐵道並沒有消失。因為它的存在正好**彌補了飛機及汽車的弱點**，我們從移動速度的觀點來看看其理由吧。

　　在移動速度方面，鐵道並沒有贏過飛機，但鐵道的最高速度正逐漸加快。像新幹線等高速鐵道，實際上的最高速就達到了時速320km。而導入了超電導磁浮式鐵道的中央新幹線，則預定會有時速505km。但移動速度還是趕不上飛機，只是在都市之間移動所費的時間，有時不分上下。因為若是包括**從市中心到機場的路徑以及在機場的待機時間等**，整個移動時間的差距就會縮小。

　　JR舊幹線或地下鐵等一般鐵道，最高速和汽車差不多。可是在交通量龐大的市中心，尤其是早晚的尖鋒時段就非常容易塞車，因此**以平均速度來說，鐵道通常會比汽車要來得快**。

　　由於活用了這樣的特點，日本的鐵道非常發達。和海外各國相比，日本都市的人口密度特別高，因此機場都會離市中心特別遙遠、交通不便，汽車常會集中在狹窄的道路上、形成塞車。因此，為解決交通問題而整頓了鐵道的結果，就形成了世界罕見、進行高密度運送的鐵道網路了。

第 1 章　什麼是鐵道

改善都市交通就需要鐵道

澀谷一帶傍晚交通擁塞的道路。由於在建築物密集的大都市裡，道路要擴張很困難，因此容易塞車。要改善整個都市的交通，不會對塞車帶來影響的鐵道之整頓是必要的。

鐵道逐漸擔負起高速運輸任務

誕生於日本的新幹線是高速鐵路先驅，逐漸扛起了原本由飛機獨霸的高速運送任務。因為可以彌補機場交通不便等弱點，新幹線發展了起來。圖片是小田原站的東海道新幹線「N700系列」。

13

1-04 鐵道的運送規模
超越波音747和卡車的規模

鐵道是運送規模很大的交通工具。到底規模有多大，我們來跟其他的交通工具比較看看。

世界最大的飛機「空中巴士A380」，每一架飛機的座位數是525位（3級標準）。另一方面，東海道新幹線的最快列車「NOZOMI」，每一台列車的座位數是1323位。在東京車站方面，運送A380兩倍以上旅客的列車，最短每隔三分鐘就會發車一次。一般路線的巴士限載人數，不包括連接巴士或是雙層巴士的話，最多頂多80位，而每輛通勤電車的限載人數則大約是150位。在東京的JR中央快速線方面，連結運送固定路線巴士約兩倍旅客的車輛、共計十輛的列車，則是最短每兩分鐘就會行駛一次。

在日本，存在著能運送相當於貨物卡車（十噸）65台共650噸的貨物列車，但海外還有能運送更大量貨物的貨物列車。

不過，能一次運送貨物的量，船會更勝一籌。例如，往返中東的產油國與日本的油輪，可以一次運送最大30萬噸的原油。

鐵道需要軌道這種巨大的設施，由於在建設或維護上需要龐大的資金，若沒有符合該投資所發揮的運送需求效益，就不會採用，也無法發揮作為交通工具的使命。所以**鐵道並非隨處都可運用，在陸上運送需求較高的區域，才能發揮最大的力量**。

在日本，像是東海道新幹線或東海道本線那種旅客、貨物的運送需求量較高的區域很多，所以**和海外各國相比，有不少能讓鐵道容易發揮力量的路線**。

一次運送量的比較

旅客運送

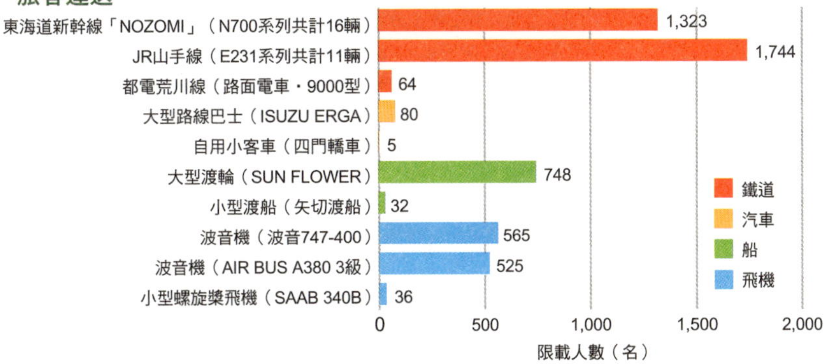
東海道新幹線「NOZOMI」（N700系列共計16輛）
1,323
JR山手線（E231系列共計11輛）
1,744
都電荒川線（路面電車・9000型）
64
大型路線巴士（ISUZU ERGA）
80
自用小客車（四門轎車）
5
大型渡輪（SUN FLOWER）
748
小型渡船（矢切渡船）
32
波音機（波音747-400）
565
波音機（AIR BUS A380 3級）
525
小型螺旋槳飛機（SAAB 340B）
36
鐵道
汽車
船
飛機
0
500
1,000
1,500
2,000
限載人數（名）

旅客列車可一次運送飛機或巴士的數倍旅客

貨物運送

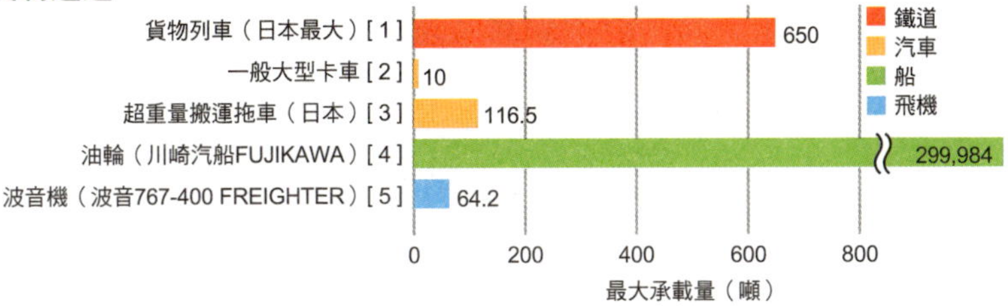
貨物列車（日本最大）[1]
650
一般大型卡車 [2]
10
超重量搬運拖車（日本）[3]
116.5
油輪（川崎汽船FUJIKAWA）[4]
299,984
波音機（波音767-400 FREIGHTER）[5]
64.2
鐵道
汽車
船
飛機
0
200
400
600
800
最大承載量（噸）

貨物列車靠一人駕駛便可一次運送大量的貨物，但處理的貨物量敵不上大型船舶。

資料出處等：（1）JR貨物WEBSITE、（2）代表值、（3）油輪（川崎汽船FUJIKAWA）、（4）日運建築WEBSITE、（5）ANA CARGO WEBSITE

一次搬運大量貨物的貨物列車

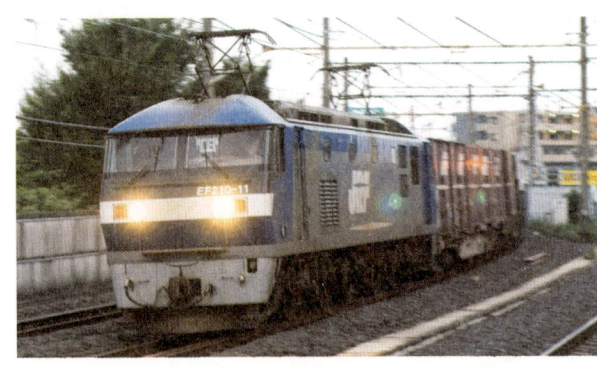

川崎市內的東道貨物線。在早上上學上班時間開始的六點左右，會有許多貨物列車從名古屋、大阪往東京貨物集貨站行駛。

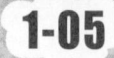

1-05 能源消耗與鐵道
被稱為「環境優等生」的理由

　　鐵道被認為是「環保的交通工具」「環境的優等生」等，究竟是為什麼呢？

　　右圖是顯示日本國內的資料。試著將各種交通工具的一位旅客運送1km，以及將1公噸的貨物運送1km所消耗的能量比較看看，可發現鐵道消耗的能量非常之少。也就是說，**鐵道和飛機、汽車相較之下，是效能很高的交通工具**。當效能提升，石油等化石燃料的消耗就會變少，因此二氧化碳等溫室效果廢氣的排出量也會減少。這就是鐵道被認為對環境帶來的負荷較小的理由。

　　近年來以貨物運送為中心，已出現原本藉由飛機或汽車來運送、漸漸替代成由鐵道或船舶運送的傾向，這叫作模式轉換，預期會有減少整個運送消耗量的效果。

　　不過，鐵道的效能並非永遠都很良好。如果運送需求較小，有時巴士或卡車會更來得合適。在鐵道界中，有人認為創造新的新幹線、效能會比飛機來得佳，也比較環保，但在航空界當中，則也有人認為要考慮建設鐵道所消耗的能源以及排放的廢氣。

　　另外，鐵道需要軌道這樣巨大的工程，因此若考慮到其維護的心力及費用等，可就要從長計議了。應該說**為了要將包括鐵道的各個交通工具之優點發揮到極致，思考其均衡性是很重要的**。

各交通工具的能源消耗量

旅客運送

將一人運送 1km 所需的能量

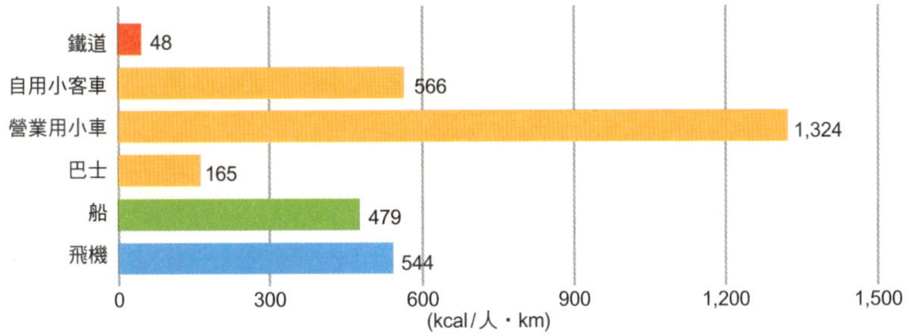

鐵道 48
自用小客車 566
營業用小車 1,324
巴士 165
船 479
飛機 544
0
300
600
900
1,200
1,500
(kcal / 人・km)

貨物輸送

將一噸貨物運送 1km 所需的能量

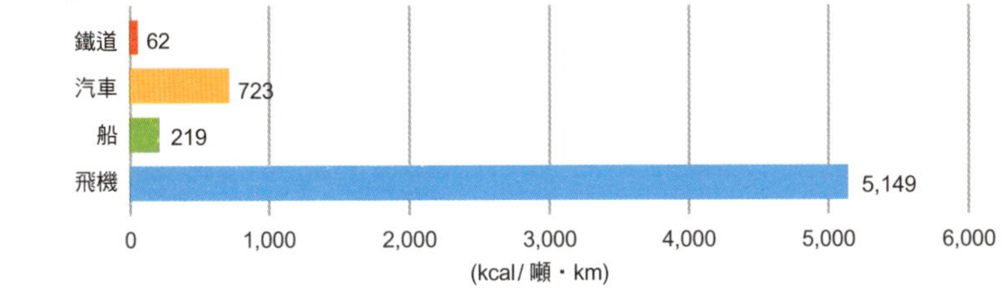

鐵道 62
汽車 723
船 219
飛機 5,149
0
1,000
2,000
3,000
4,000
5,000
6,000
(kcal / 噸・km)

資料出處：《EDMC／能源・經濟統計要覽2012》p132、2009年資料

陸上大量旅客運輸的鐵道

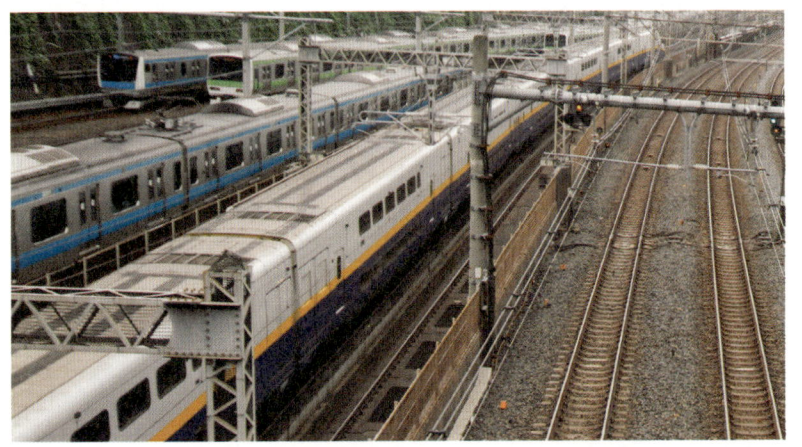

日暮里附近交會的旅客列車。鐵道的能源效率，如同照片中運輸大量旅客時會隨之上升，而運輸量減少時則會下降。考慮到全面的交通能源效率，依據運輸規模大小而選擇交通工具是必要的。

1-06 日本人與鐵道
日本人都喜歡鐵道嗎？

大家可能認為在日本會喜歡鐵道的，是被叫作鐵道迷的部分人士，但從海外的角度來看，日本人是個多多少少都喜歡鐵道的民族吧。在日本，**觀賞或利用鐵道的機會比海外各國來得多**，具備了容易對鐵道產生興趣的條件。日本以都市為中心，鐵道就像天羅地網般遍布各地，許多人都在使用鐵道。依據國際鐵路聯盟（UIC）的資料所示，**日本一年內使用鐵道的人數位居全世界之冠**。其八成以上都是三大都市（首都圈、中京圈、京阪神圈）的使用者。由於**三大都會圈的人口約占了日本人口的一半**，因此使用鐵道的機會非常的多。

不過，日本還是有無鐵道的地方。例如沖繩縣，從戰爭時期起到2003年都市單軌電車開業之前，有很長的一段時間都沒有鐵道。可是在日本，因為有像畢業旅行這種團體旅行的習慣，即使是在沒有鐵道地區的人，也會有過搭新幹線的經驗。所以，**鐵道很容易與回憶連結，也很容易對它產生興趣**。

在日本，也有很多人認為**鐵道就是技術力的象徵**。這是因為東海道新幹線在高度經濟成長期開業，實現了世界首次超過時速200km的營業駕駛，而且擁有全世界罕見的高密度旅客運送之故。

在海外，有許多地區因為運送需求過低而無法導入鐵道，也有人從未見過鐵道。從那些地區的居民角度來看，日本應該是個很不可思議的國家吧。

第1章　什麼是鐵道

聚集在鐵道活動的人們

聚集在車輛基地等的公開活動的人幾乎都是攜家帶眷，鐵道迷反而是少數。日本的鐵道，具備了吸引不分年齡性別的要素。

日本的鐵道旅客運送人員（年度）

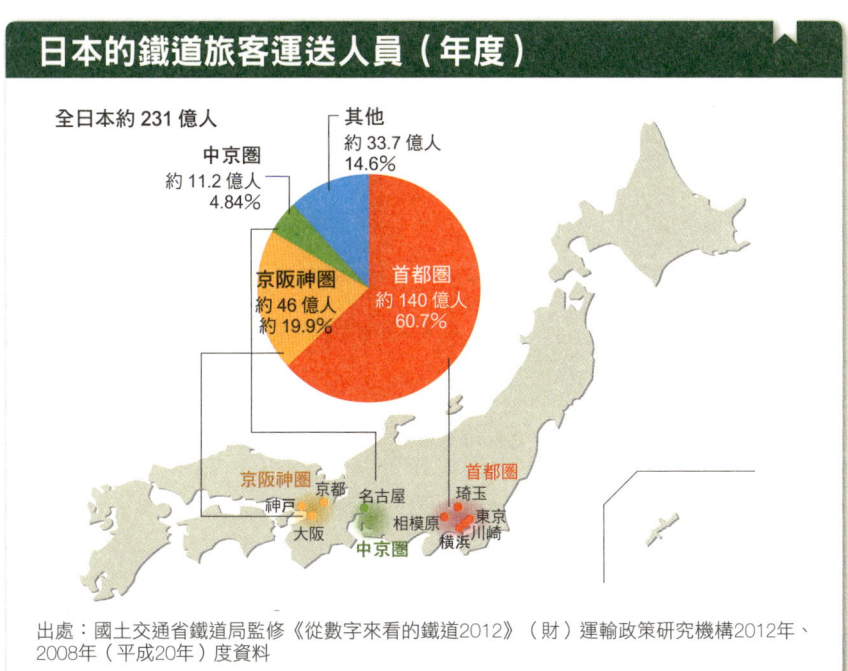

全日本約231億人

- 其他　約33.7億人　14.6%
- 中京圈　約11.2億人　4.84%
- 京阪神圈　約46億人　約19.9%
- 首都圈　約140億人　60.7%

首都圈：琦玉、東京、相模原、橫濱、川崎
中京圈：名古屋
京阪神圈：京都、神戶、大阪

出處：國土交通省鐵道局監修《從數字來看的鐵道2012》（財）運輸政策研究機構2012年、2008年（平成20年）度資料

19

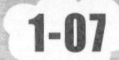

鐵道的原點是古代的石疊
馬車的「車轍」誕生了鐵道？

在1-01當中，我們已說明鐵道車輛的前進路線是因為有軌道的指引，所以不需要舵，但究竟是如何思考出這樣的結構呢？探究其理由的關鍵，就在於馬車的「**車轍**」。

在鐵道登場之前，陸上交通工具的代表就是馬車。當馬車行走在地面的道路上，車輪行經的痕跡就形成了車轍，但一旦下雨之後，車輪就會陷入濡溼柔軟的地面上而變得難以行走。放晴後，車轍變得凹凸不平而凝固，於是馬車就會愈來愈難以通行。

於是就將能承受車輪重量的石子鋪設在道路上，變成了**石疊**，那就是鋪設道路的原點。石疊從紀元前起就出現了，但要將石子鋪滿整個道路很費時，因此就想出**事先將車輪會行經的部分做出凹槽，然後只鋪設該處的點子**。犯下同樣的過錯叫作「重蹈覆轍」，這裡反而是一直在「重蹈覆轍」。

在希臘，紀元前1500年的邁錫尼（Mycenae）文明時代，建設了設有車轍的道路。這個道路和現在的鐵道很像，具備了前進路線的分歧點、行駛錯誤時所預備的待避線等。

同樣的例子，也出現在義大利南部的龐貝古城遺址。龐貝古城遺留了一世紀時火山爆發毀滅前的街道樣貌，在道路遺跡的石疊上刻畫有兩條車轍。當時那個凹陷之處就是馬車的車輪在行走的。**這兩條車轍，被視為是現在兩條軌道的原點**。

第1章 什麼是鐵道

馬車的「車轍」

車轍

龐貝古城遺址的道路

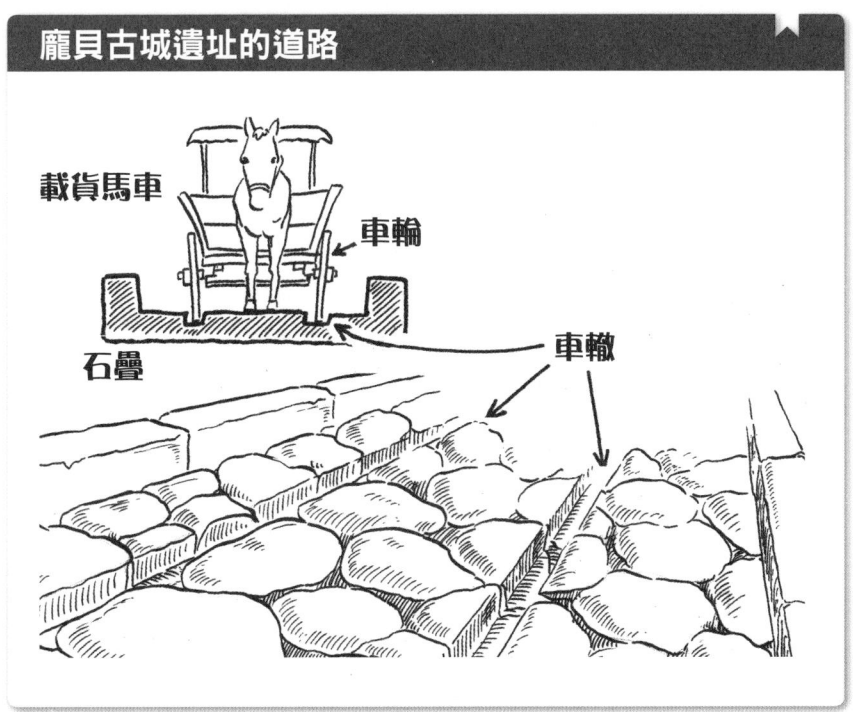

載貨馬車
車輪
石疊
車轍

21

1-08 為何是「鐵」道？
利用堅固而容易加工的性質

　　鐵道從字面上來看就是「鐵」道。為何是鐵呢？如果只是支撐車輪的話，木頭或石頭應該也可以。所以我們就來思考看看以各個材料的板材來支撐車輪吧。

　　木頭雖然容易加工，但特性是不耐衝撞且容易損壞。石頭雖然比木頭堅固，但要把長板狀的石頭切開很困難，所以板材的接縫會變多、變得凹凸不平，車輪承受到撞擊，坐起來就會不舒服。因此**在板材及車輪方面，就選擇了堅固又容易加工的鐵了**。

　　可是，只是鋪設鐵板的話，車輪會脫軌。於是在工業革命前的英國，就想到了在軌道或車輪上增設防止脫軌的「**護軌**」。

　　1804年登場的世界第一輛蒸汽機關車「潘尼達倫號」，就曾在設有護軌的鑄鐵軌道上行駛。所謂的**鑄鐵**，是以鐵為原料、含有大量碳元素的材料，由於不耐衝擊又脆弱，鑄鐵的軌道似乎無法承受蒸汽機關車而經常損壞。

　　因此，**鋼**製的軌道就開始被應用。鋼也是以鐵為原料的材料，但含有**碳元素的比例比鑄鐵還要低**，**具有耐衝撞的特性**。另外，由於可加熱變形（延展），因此很適合製造長型的軌道。容易磨損的護軌，於是就開始裝設在車輪上，原因是車輪比軌道更容易汰換。

　　就像這樣，形成了現在的鐵軌與鐵製車輪的組合。裝設在車輪邊緣的護軌，現在則被稱為「**凸緣**」。

第1章 什麼是鐵道

適合軌道的材料是？

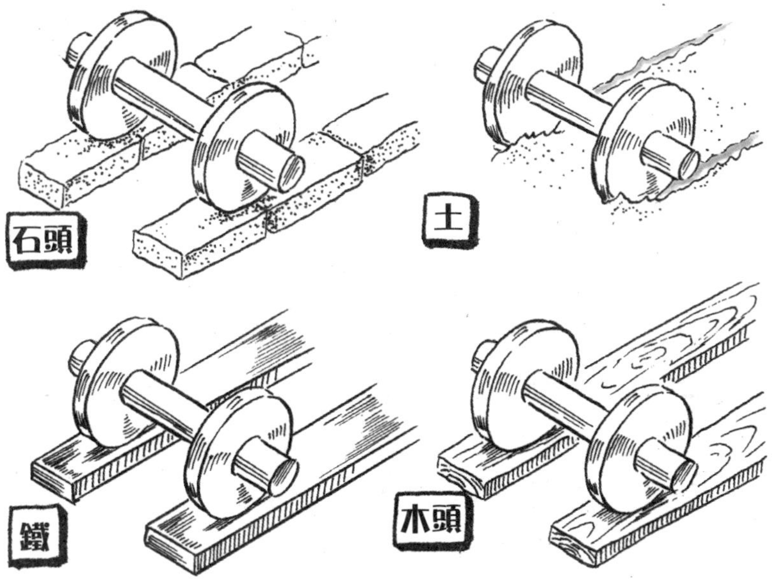

石頭　　土

鐵　　木頭

裝設防止脫軌的「護軌」

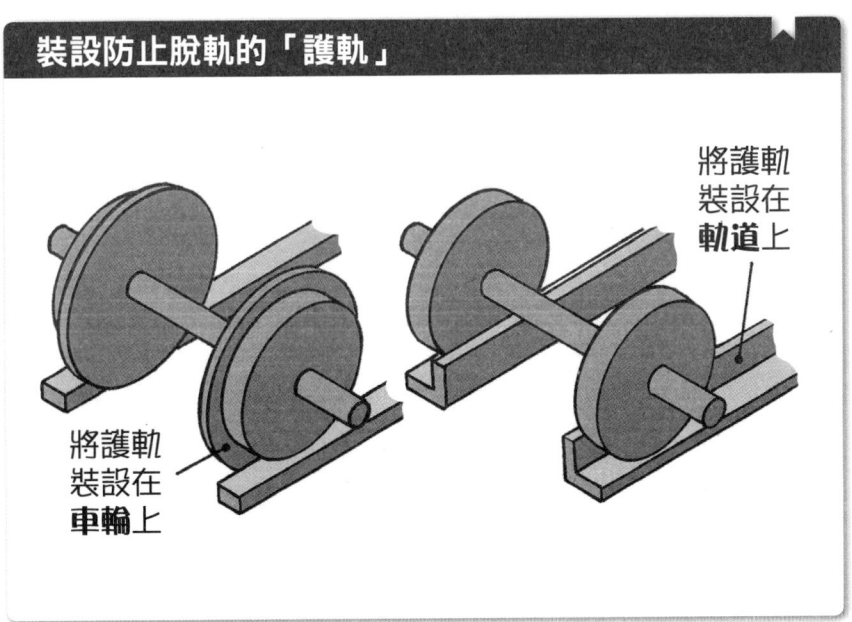

將護軌裝設在**車輪**上

將護軌裝設在**軌道**上

23

為何車輪可以通過彎道
隱藏在車輪形狀中的祕密

軌道並非一直都是直線，其中也有曲線。為了讓車輪不要脫軌，必須要有引導前進路線的結構，但若是只仰賴與車輪的凸緣和軌道的摩擦，凸緣一被摩擦就會磨損，無法流暢地通過彎道。

另外以彎道來說，外側的軌道會比內側的軌道來得長。在鐵道方面，左右的車輪和車軸是固定的，因此左右的車輪會以同樣的回轉速度來繞轉，但這樣下去就會無法對應軌道長度的差異。

因此在鐵道方面，會將車輪接觸軌道的那一面（踏面）裁切成圓錐狀。朝著**軌道的外側，半徑會逐漸縮小**。

請想想看紙杯，紙杯是裁切成圓錐狀的，因此在桌子上會有弧度滾動。

鐵道的車輪從直線切換成彎道之後，為了想要直接前進，就會往彎道的外側偏移。於是，**和軌道接觸部分的左右車輪半徑就會出現落差**，為了可以去對應左右軌道長度的落差，因此可以像紙杯般流暢地轉彎。另外，左右軌道的間隔（軌距）基本上是固定的，但彎道的話會彎曲得更為流暢，因此會稍微留多一點空間，這叫作「Slack緩衝」。

車軸會自行配合軌道的彎曲程度來做調整。因此，鐵道車輛不需要裝設舵。

第 1 章　什麼是鐵道

一般的車輪與車軸

由於一根車軸會有兩個車輪固定，因此左右的車輪會以相同的速度來回轉。車輪上裝設有叫作凸緣的護軌。圖片中的車輪是地下鐵電車的車輪，和軌道接觸的部位的直徑是88cm。囊括了車輪與車軸的重量是869kg。攝於東京地下鐵綾瀨車輛基本的公開活動。

讓彎道彎曲的結構

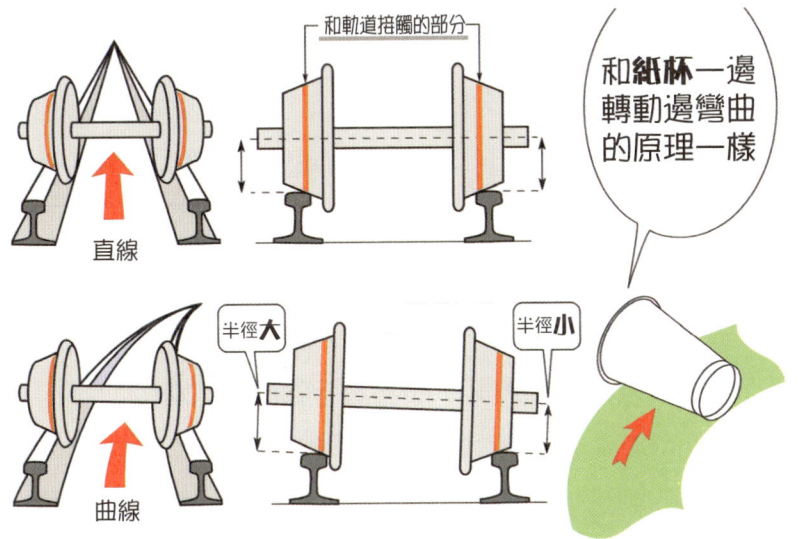

和車輪軌道接觸的部分（踏面）是裁切成圓錐狀的。一旦轉變為彎道，車輪為了要筆直前進，會朝著彎道的外側轉動，因此左右車輪和軌道接觸部分的半徑就會產生落差。車軸可以一邊保持這個狀態一邊改變方向、自行掌控，因此才可以流暢地轉彎。因半徑的落差而能轉彎的結構，和紙杯描出弧線般滾動的原理是相似的。

25

1-10 軌道和車輪都是「鐵」，不會打滑嗎？
利用摩擦前進的黏著驅動

鐵道的軌道與車輪基本上是鐵的。使用在汽車車輪的橡膠輪胎接地面，刻有所謂胎紋的凹槽，而使用在鐵道上的車輪踏面並不會凹凸不平，而是表面光滑。可能會有人想：這樣車輪不會滑嗎？沒錯，答案是會。和行駛在鋪設道路上的汽車相比就會很清楚了。

汽車是以動力讓橡膠輪胎轉動，利用接地面所產生的摩擦，像是橡膠輪胎要把鋪設路線往後踢般往前推進。所以，當下雨或下雪這種路面容易滑的時候，產生的摩擦就會變小，一想要加速、車輪就會空轉，一踩煞車，車輪就會被鎖死而滑動。

有一個名詞叫作**摩擦係數**，是表示容易產生摩擦程度的數值，而鐵道車輪與軌道之間的摩擦係數，是汽車的橡膠輪胎車輪與鋪設路線之間摩擦係數的約二分之一到四分之一。正因如此，鐵道的車輪很容易打滑。某個電車駕駛表示，駕駛電車就像是如履薄冰，也像是在駕駛拆下正常輪胎的汽車一樣。

提到鐵道，車輪和軌道之間作用的摩擦叫作黏著，因此使用摩擦來推進就叫作黏著驅動。**黏著驅動**有著容易讓車輪空轉或打滑的缺點，但自從蒸汽機關車誕生以來，還是使用了200年以上。現在上下班用的電車或新幹線電車也是藉由黏著驅動來行駛的。

摩擦小，就衍生出其他優點來。那是因為防礙**推進的摩擦排斥較少、效能良好**之故。

第1章　什麼是鐵道

黏著驅動

車軸的穩定度（摩擦係數）

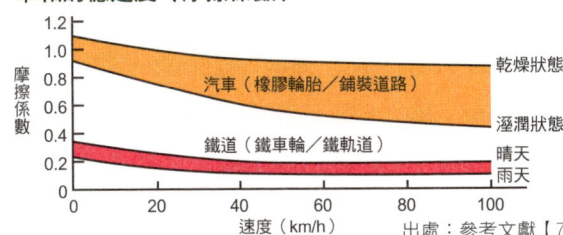

摩擦係數愈大、車輪就愈不易打滑。由於鐵車輪比橡膠輪胎更易打滑，很容易發生空轉或停止轉動的滑行狀況。

出處：參考文獻【7】p.28、圖2-6、部分改編

黏著驅動的原理

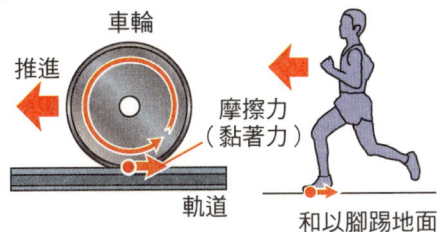

是使用鐵車輪與鐵軌道之間產生的摩擦力（黏著力）來推進車輛的驅動方式。承載重量愈大、黏著力就會愈大，但突然加速或突然煞車等對車輪施加過大的力量時，車輪就會變得無法驅動，引起空轉或是滑行的現象。

使用了200年以上的黏著驅動

黏著驅動從蒸汽機關車的誕生至今，已使用了200年以上了。照片是在世界第一個旅客鐵道（利物浦・曼徹斯特鐵道）所使用的蒸汽機關車（火箭號）的複製品。很清楚可見活塞轉動車輪的結構。攝於英國國立鐵道博物館。

27

1-11 有不仰賴摩擦而前進的鐵道？
克服黏著驅動缺點的前進方法

一直有人認為，如果有克服黏著驅動缺點的前進方法，鐵道的可能性也許就會更加廣泛。例如，在登山鐵道所看到的纜車或是齒軌條鐵道，就是為了**要行駛在黏著驅動較困難的陡坡上**所研發出來的。除此之外，也有不少探討替代黏著驅動的推進方法的例子。

在英國，1840年代就曾探討過**大氣壓鐵道**。這是在線路之間所放置的軟管中放入活塞，將軟管的一方變成真空，利用施加於活塞的大氣壓來推動車輛，但最終因為無法確保軟管的氣密性而宣告失敗。

在美國的紐約，則曾探討過**空氣壓鐵道**。它將車輛放入在地下建設出的軟管狀隧道中，使用壓縮空氣來推動車輛。1870年完成了實驗線路，但最終並未實現。

進入20世紀之後，在法國出現了像飛機一樣以螺旋槳來推動車輛的方法，而裝設有噴射機引擎的車輛則在美國登場。在日本，曾探討過在真空管中飛翔的火箭列車。可是這些全都沒有實現。

在20世紀初的英國，提出了使用將圓筒形的馬達展開成直線狀之線性馬達來推動車輛的方法。將之實用化的，是超電導線性等的線性馬達。使用**線性馬達的目的，是為了要讓在黏著驅動中較為困難的高速行駛或陡坡行駛等可能化**。

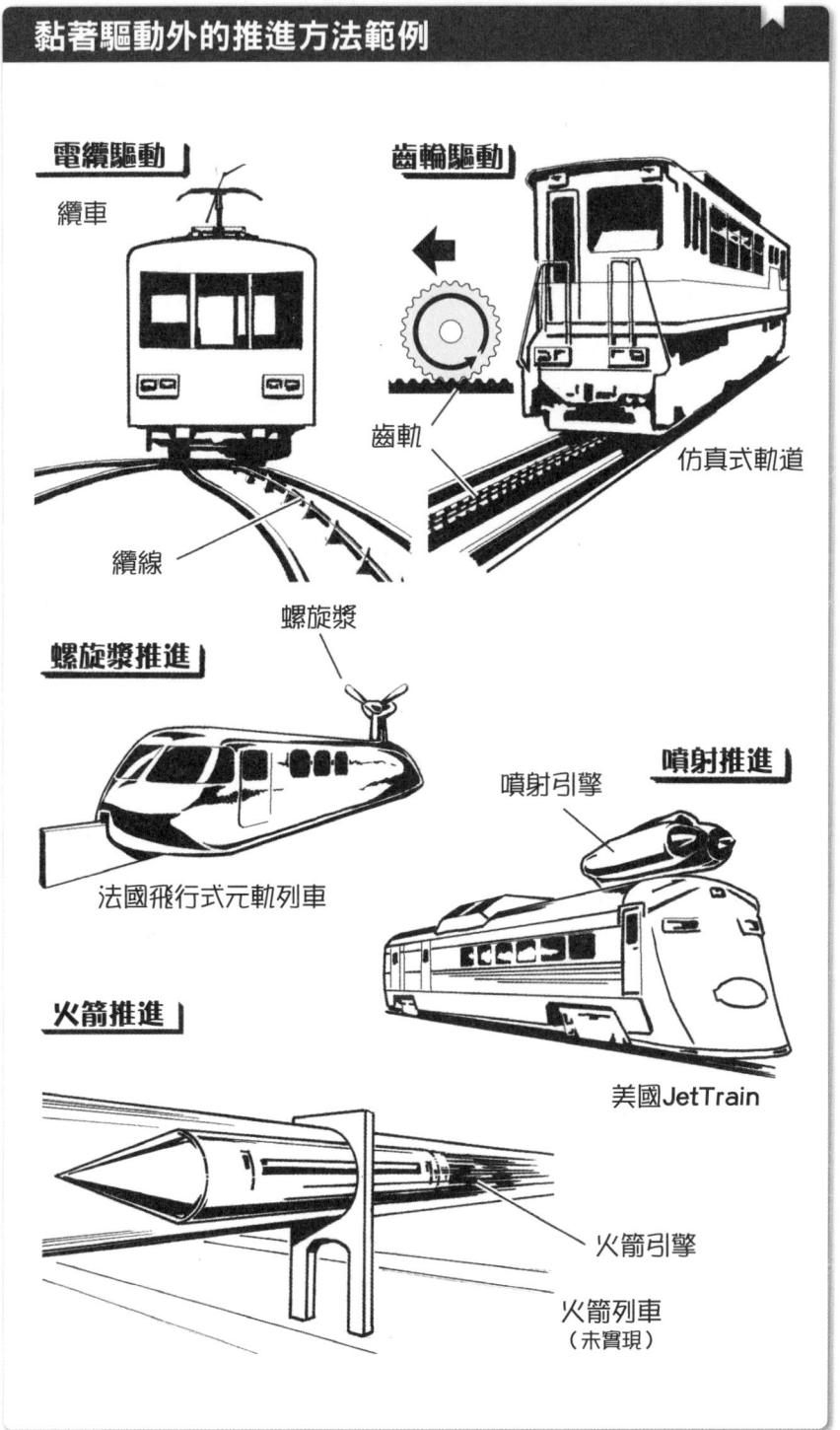

1-12 有靠橡膠輪胎行走的電車？
藉由變更材料來改善驅動

　　不只是推進方法，也有人想要改變車輪的材料。因應而生的，便是以橡膠輪胎車輛行駛的鐵道車輛。在都市單軌電車或新交通系統或是一部分的地下鐵當中，已有橡膠輪胎車輪的電車在行駛了。

　　由於橡膠輪胎車輪在接地面會有巨大的摩擦力，具有比鐵車輪還更不易打滑的特性。另外，由於橡膠輪胎本身就是具有拉扯力的彈性物體，因此也可以縮小行駛時所發生的衝擊或噪音。只要發揮這個優點，**鐵車輪難以辦到的急速加速或急煞車、行駛陡坡都會變得可能，而且還能安靜地行駛。**

　　橡膠輪胎車輪的鐵道車輛是在法國誕生並發展的。最先開發的是全世界數一數二的橡膠輪胎大廠米其林，1920年代試做了以橡膠輪車輪行駛的油罐車。這個技術也應用在地下鐵，1950年代的巴黎地下鐵、1980年代里爾的迷你地下鐵（VAL），都曾有橡膠輪胎車輪的電車行駛過的足跡。

　　日本開發了與法國不同種類的系統，讓橡膠輪胎車輪的電車行駛在都是單軌電車或札幌的地下鐵、新交通系統。尤其在日本，鐵道沿線的噪音會是一大問題，因此電車能安靜行駛這一點就受到了矚目。

　　現在，由於鐵車輪的電車行駛性能也更加提升、可以安靜行駛，因此橡膠輪胎車輪的電車之優點也漸漸不再醒目，但在確立規模在介於**巴士與地下鐵之間的中規模鐵道系統的技術方面，則發揮了重要的作用。**

橡膠輪胎車輪的電車

巴黎地下鐵的電車（MP88CC）

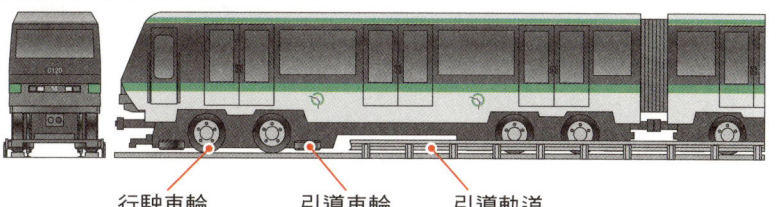

行駛車輪　引導車輪　引導軌道

札幌市營地下鐵初代電車（1000型）

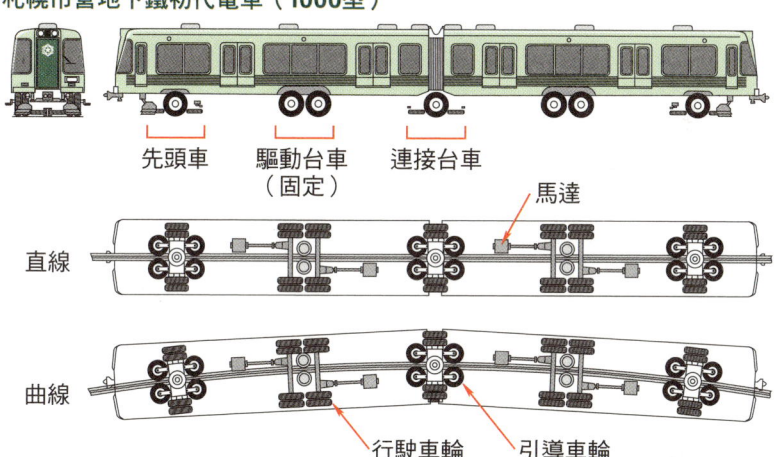

先頭車　驅動台車（固定）　連接台車　馬達

直線

曲線

行駛車輪　引導車輪

橡膠車輪（札幌市營地下鐵5000型）

鐵道工學是綜合性工學？
集結了各種領域知識的集合體

大多數人會認為交通工具是運送人或物品的移動體，而其周遭設施則又是另一回事。因此在改良方面，一般也都會把飛機和機場、汽車和道路、船舶與港口像這樣來區分進行。就像是ETC的導入，讓汽車廠商和經營高速公路的公司合作一樣，雖然也有例外，但基本上雙方很少有合作的機會。

以鐵道來說，合作是很重要的。例如為了要提升列車的速度，不只是車輛，也必須要改良線路等設施。就像是電車的縮放儀一樣，車輛和設施接觸部分的改良，雙方都必須要思考。要提升輸送力，除了要考慮到車庫或車站規模或車輛、員工人數等各個條件，也必須要增加列車的班次、加長編制。也就是說，必須要將**車輛、設施、員工等視為是彼此合作的系統**。

因此，鐵道主要的研究開發領域，和各個知識領域是息息相關的。尤其是和鐵道技術有密切關係的工學，以土木、機械、電氣為中心，和大多數的領域都有關聯，因此也被認為「**鐵道工學是綜合性工學**」。另外在鐵道的周遭，不只是使用者，也有在現場服務的人員，因此也和心理學等人類科學或醫學等有關聯。因此，光以特定的知識領域來描述整個鐵道是很困難的，整體狀況不易掌握。正因如此，集結了各種人所思考的各種領域知識，即使做部分的探究，也會有許多發現吧。

第1章　什麼是鐵道

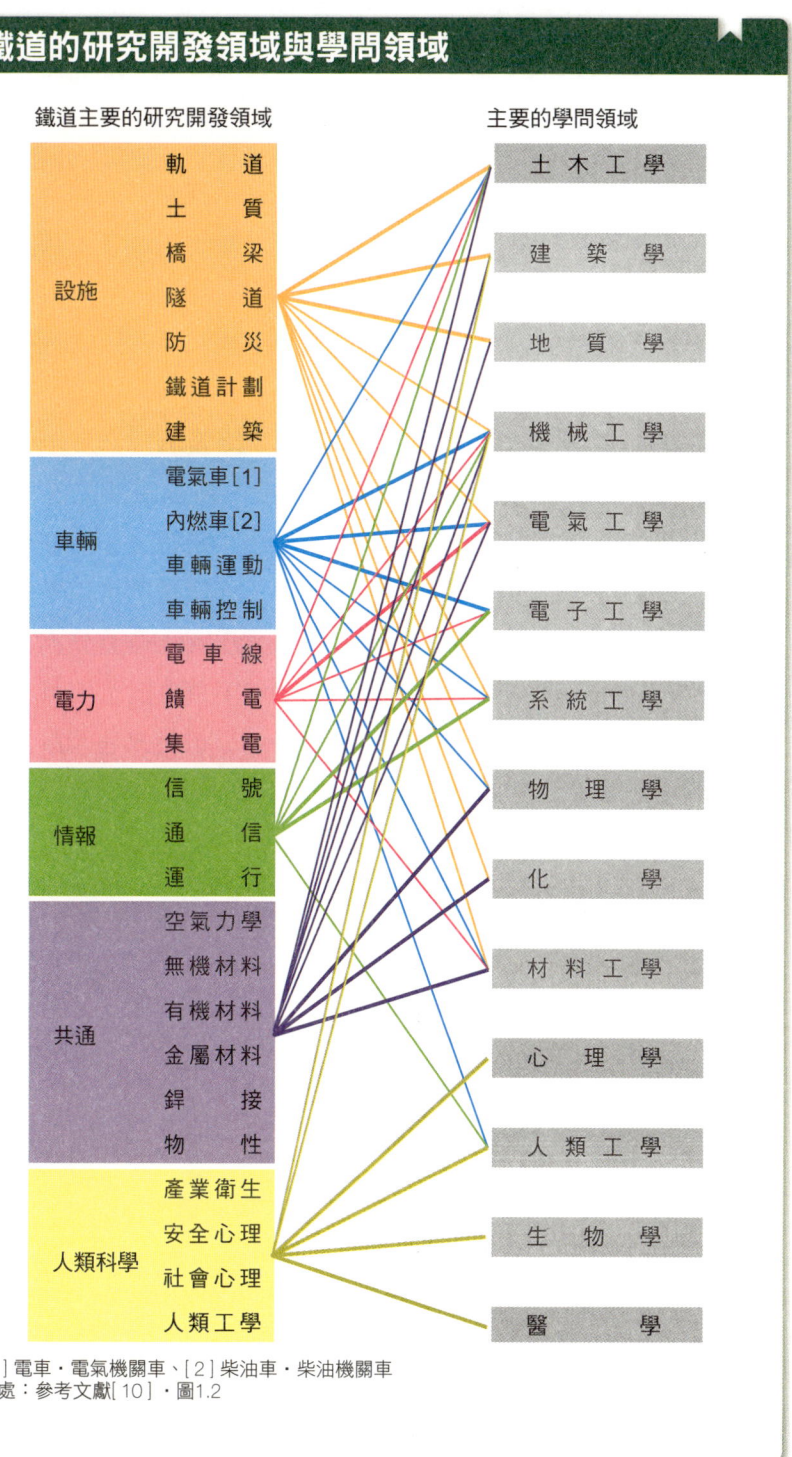

[1]電車・電氣機關車、[2]柴油車・柴油機關車
出處：參考文獻[10]．圖1.2

COLUMN.1

斜坡與彎道

　　由於陸上會有地形的起伏，以及山岳或建築物等障礙物，因此要將連結遙遠兩處的軌道都呈現一直線、使之平坦有其困難。所以在鐵道或道路上，都有斜坡或彎道的存在。一般人都會認為說「**彎道**」會比「**曲線**」來得更簡單明瞭，因此本書接下來都會稱之為「斜坡」與「彎道」。

　　斜坡與彎道的「陡峭度」，會以數字來表示。

　　斜坡會以直角三角形的斜邊來比擬，將垂直邊的長度除以水平邊的長度所得到的數值，來表現出「陡峭度」。在道路方面，會以百分比（％）來表示該數值，而鐵道則會以**千分比**（‰）來表示。例如，若水平方向前進1000m、垂直方向是上下20m的話，則是20‰。數值愈大，「坡度就愈陡」。

　　彎道可以想作是切取圓形的一部分，以公尺來表示該圓形半徑的「陡峭度」。若半徑愈大，「弧度就愈平緩」。

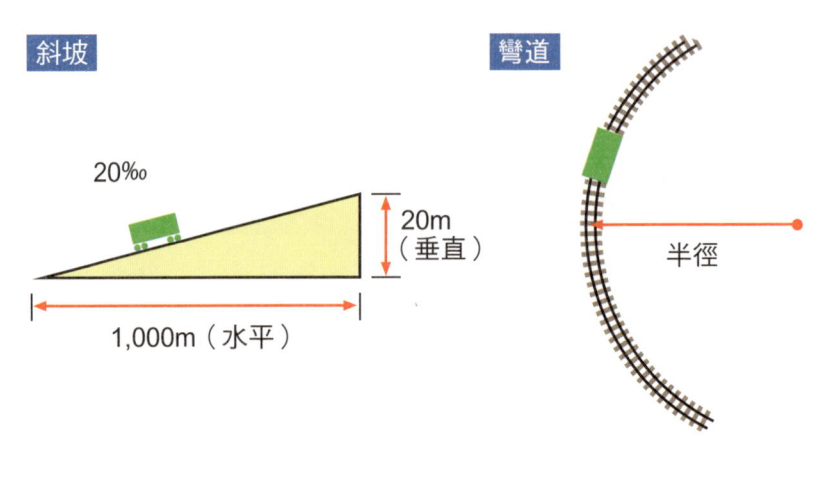

第 2 章

各種鐵道車輛

車輛可依用途或動力等不同區分種類。
在這章中將會加以整理，
──來探討一下車輛的特徵吧。

仰視的蒸汽機關車

2-01 車輛的分類① 以用途區分
鐵道車輛並非只有電車？

有的人認為只要是行駛在軌道的車輛，都會稱之「電車」。當然，正確來說是錯誤的，但在日本不能硬說它是錯的。

鐵道車輛（以下簡稱為車輛）有各種種類。依用途可大致區分為四種，包括牽引列車的「**機關車（又稱作火車頭）**」、載送旅客的「**旅客車**」、載送貨物的「**貨車**」，還有「**特殊車**」。我們所稱呼的電車是旅客車的一種，在日本，電車則占了旅客車的約94％。在東京等大都會圈，電車的比率幾乎是100％，因此若是說「乘客會搭乘的車輛都是電車」也不為過。另外，日本的鐵道約有4.9萬輛的電車在行駛，占了全體車輛（約6.6萬輛）的約76％。即使以**包括貨車等貨運車的整體鐵道車輛來看，電車的數量還是很多**。

這一點也是日本鐵道的一大特徵。在海外，有很多國家行駛由機關車牽引、用於長距離客運的鐵路客車。日本過去也是如此，在第二次世界大戰後，電車急速普及，許多旅客列車逐漸被電車所占據。客車活躍的舞台，至今只限於寢台列車與特定活動的列車。

為何電車會這麼普及呢？有幾個主因，包括**往返駕駛容易、可高密度地載送旅客，可以在沉重的火車無法行駛、地基較弱的地區行駛**等，還有適合日本的鐵道及國土的特殊性等。

第 2 章　各種鐵道車輛

依用途來分類

出處：參考文獻【5】‧圖2.4.1

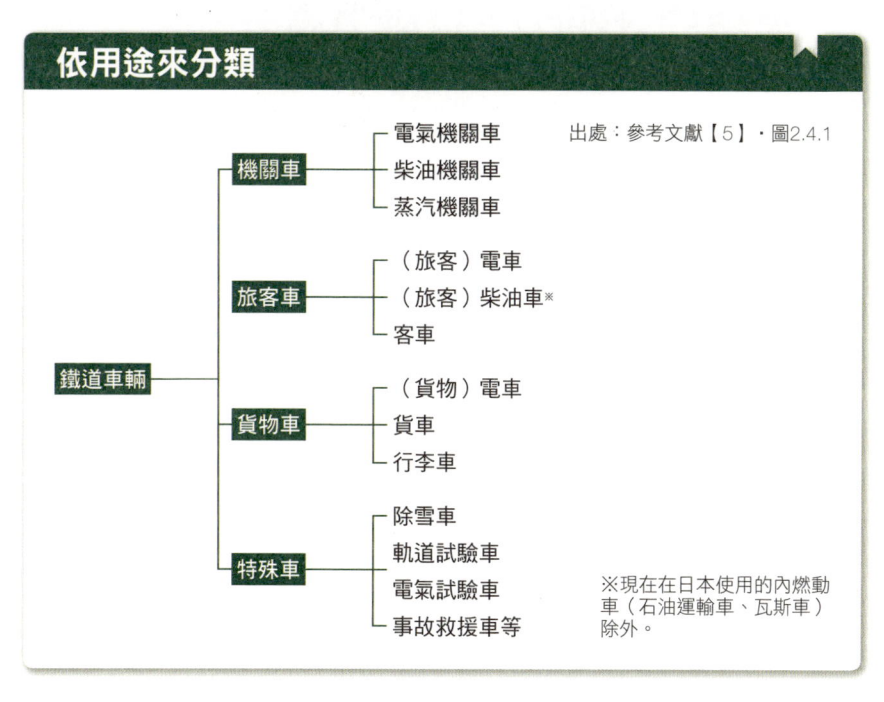

- 鐵道車輛
  - 機關車
    - 電氣機關車
    - 柴油機關車
    - 蒸汽機關車
  - 旅客車
    - （旅客）電車
    - （旅客）柴油車※
    - 客車
  - 貨物車
    - （貨物）電車
    - 貨車
    - 行李車
  - 特殊車
    - 除雪車
    - 軌道試驗車
    - 電氣試驗車
    - 事故救援車等

※現在在日本使用的內燃動車（石油運輸車、瓦斯車）除外。

在日本的鐵道車輛比例

使用中的車輛總計 65582 輛※

- 柴油機關車 0.69%
- 電氣機關車 1.00%
- 蒸汽機關車 0.03%
- 客車 0.77%
- 貨車 17.8%
- 電車 75.5%
- 柴油車 4.23%

旅客車 52788 輛※

- 客車 0.95%
- 柴油車 5.26%
- 電車 93.8%

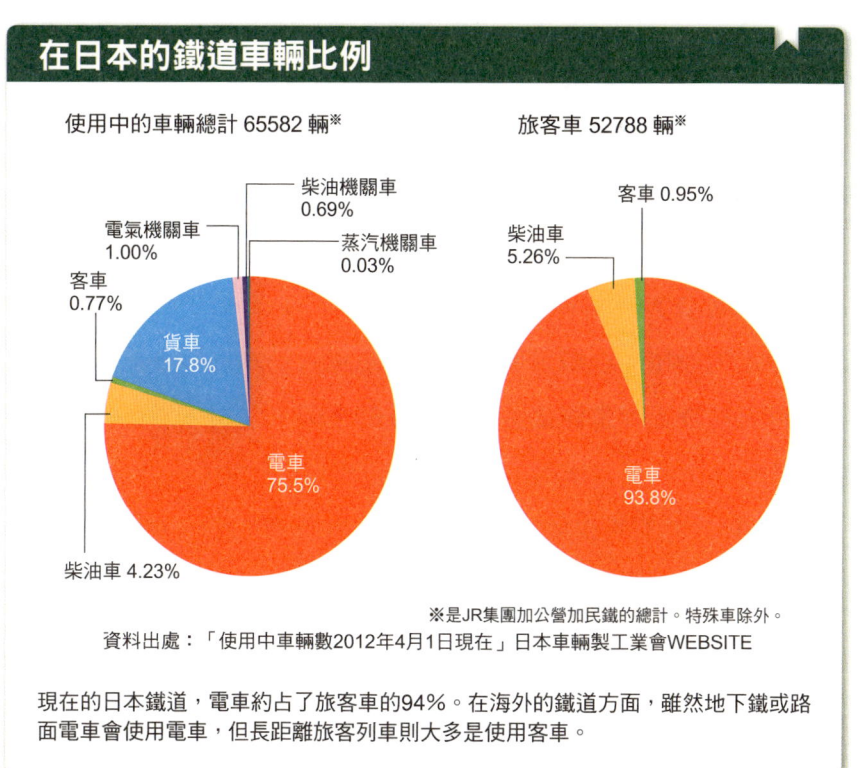

※是JR集團加公營加民鐵的總計。特殊車除外。

資料出處：「使用中車輛數2012年4月1日現在」日本車輛製工業會WEBSITE

現在的日本鐵道，電車約占了旅客車的94%。在海外的鐵道方面，雖然地下鐵或路面電車會使用電車，但長距離旅客列車則大多是使用客車。

2-02 車輛的分類② 以動力區分
電氣機關優秀的理由

　　車輛要行駛，就需要動力。幾乎所有的車輛，都是靠動力來轉動車輪、進行黏著驅動。其中，也有的車輛如同電車或柴油車般自行具備動力，再運用動力自行行駛，但也有的車輛像是旅客車或貨物車一樣，本身不具動力，是由機關車（火車頭）牽引才能移動。

　　現在，車輛主要使用的動力，是**電氣機關**與**柴油機關**。過去，消耗煤碳和水的**蒸汽機關**是由蒸汽機關車在使用，現在則幾乎沒有在使用了。

　　藉由電氣機關驅動的電車或電氣機關車，因為從外部將電氣引進，具有不需要燃料補充、可連續長距離行駛等優點。可是，必須要進行在軌道上架設配線等供給車輛電氣設備的電化工程，因此在運行上需要龐大的費用。

　　不過在日本，第一次世界大戰後，已逐漸進行鐵道的電化來作為國策，這是為了要提高能源自給率。若將蒸汽機關車置換成電氣機關車的話，就可以將炭分配給工業，而且若活用起伏較大的地形進行水力發電，以鐵道來消耗的電氣就會得到供給。也就是說，**日本能源的缺乏，是讓鐵道電化發展的主因**。當然，廢止會排放廢氣、效能又低的蒸汽機關車，使運送更為現代化也是一大目的。

　　現在，日本的鐵道（包括軌道）的電化率是62.6％（2008年），大致上是不及100％的瑞士，但比法國、英國、美國都來得高，這也是電車普及的主因之一。

第 2 章　各種鐵道車輛

蒸汽機關車的給炭、給水作業

蒸汽機關車若沒有進行補充消耗的石碳和水的給炭、給水作業，就無法持續行駛。必須要補充燃料這一點，和柴油機關車、柴油車一樣。圖片是在真岡鐵道的給炭、給水作業。

對於能效・牽引有效的能源比率（％）

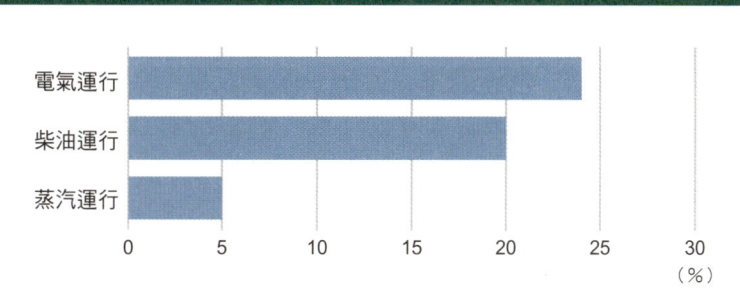

運行方式	比率
電氣運行	~24
柴油運行	~20
蒸汽運行	~5

（橫軸：0, 5, 10, 15, 20, 25, 30 （％））

※電氣運行的數值，是以由火力發電廠藉由送電直流電化的狀況為例

若由蒸汽機關車的蒸汽運行變成經由電氣機關車的電氣運行，效能就會提高，能一邊承受電氣供給一邊行駛，因此就漸漸不再需要補給燃料，可以連續長距離地行駛。（資料出處：參考文獻【6】、表1.2）

2-03 車輛的分類③ 以動力配置區分
動力集中方式與動力分散方式

在配置列車所需動力的方法方面,有分為**動力集中方式**與**動力分散方式**。動力集中方式就像火車在牽引列車一樣,將動力裝置集中裝設在少數的車輛(火車)當中。動力分散方式就像是電車或柴油車一樣,將動力裝置分散設置在編制的數個車輛上。

由於動力集中方式是需要檢查的機器都集中在火車上,因此具有容易保護車輛等的優點,但存在著在終點需要替換火車、不易往返駕駛等問題。現在有一種在列車前後兩端連結著火車、或火車與控制車(設有駕駛室的車輛)的push-pull式列車,往返駕駛就變得容易許多。

動力分散方式比起動力集中方式,在車輛的維護上雖然較費事,但具有不需要沉重的火車、對於軌道的負擔也小等優點。近年來,由於力求車輛保護作業的簡略化,維持上就容易不少。

動力集中方式與動力分散方式都各有利弊,因此無法斷定哪一個較好。不過在日本的鐵道方面,大多數的旅客列車都是動力分散方式的。理由包括了**車站設備不充裕、火車交班不易**;在分布著不少脆弱地基的日本,**不需要沉重的火車、對軌道負擔較小的動力分散方式較為適合**等。另外以電車來說,由於編制中的馬達數量會比電氣機關車要多,因此具有使用馬達煞車的電氣煞車較能有效使用等優點。

第 **2** 章　各種鐵道車輛

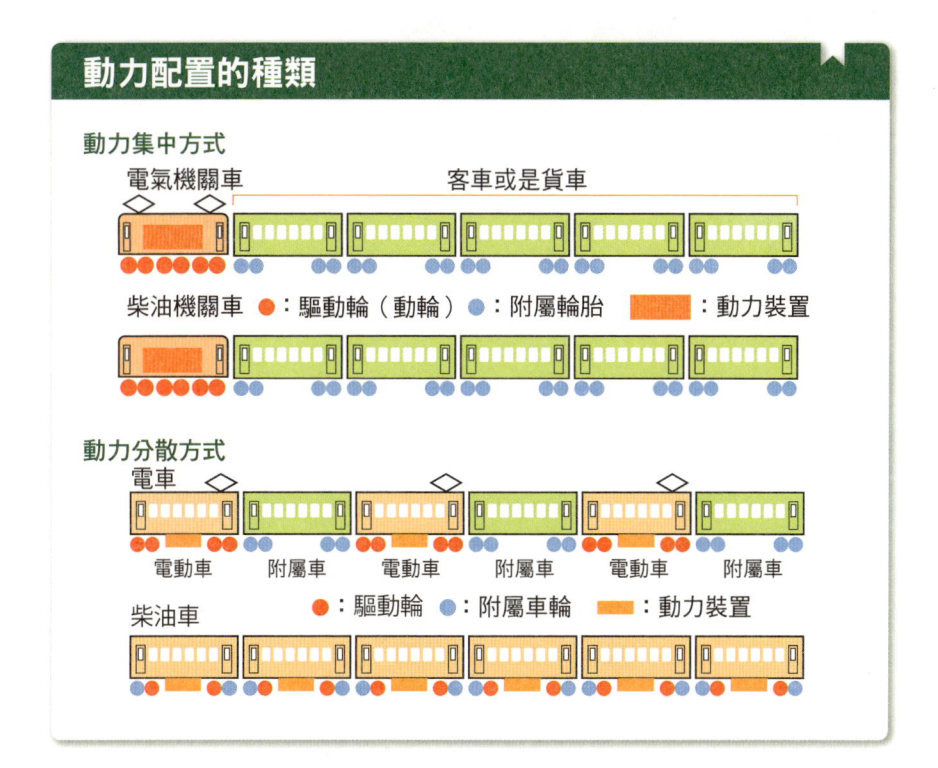

動力配置的種類

動力集中方式

電氣機關車　　　　客車或是貨車

柴油機關車　●：驅動輪（動輪）　●：附屬輪胎　　■：動力裝置

動力分散方式

電車

電動車　附屬車　電動車　附屬車　電動車　附屬車

柴油車　　　●：驅動輪　●：附屬車輪　　■：動力裝置

歐洲的國際列車「歐洲之星」

行駛在英國、法國、比利時這三個國家。最高時速是300km。圖片的編制是連結了客車18輛與電氣機關車2輛（前後兩端）的動力集中方式。

41

2-04 車輛的種類① 電車
廣泛地活躍在路面電車到新幹線之間

電車是日本最主要的旅客車。電車會在路面電車、地下鐵、單軌軌道、新交通系統、新幹線等各種鐵道行駛。電車普及的理由先前也曾提及過，這裡就來說明一下關於將馬達力量傳達到車輪的驅動方法吧。

過去日本行駛的電車，在驅動方法中採用了**吊掛驅動**，因此振動就容易傳導到車體上，坐起來不太舒服。因此日本在戰後，便從美國導入了萬向驅動的技術。藉由**萬向驅動**的導入，振動較不易傳導到車體上，坐起來舒服多了。因此電車活躍的舞台，也擴展到**重視搭乘感覺的長距離特急列車**，以及高速行駛的新幹線列車。

近年來，由於控制馬達迴轉的技術很發達，因此導入回生煞車及誘導馬達的電車就增加了。回生煞車是電氣煞車的一種，將馬達發電的電氣返回到架線等上面，藉由讓其他電車消耗來獲得煞車力。由於誘導馬達比過去電車使用的直流馬達還要更輕巧，沒有容易故障的電氣接觸點，具有可以讓維護作業簡化的特徵。雖然被認為難以控制，但確立了以電壓及周波數控制的VVVF換流器控制的技術，因此就可以使用在電車上。

導入回生煞車與誘導馬達的電車，消耗電力比過去還要少，**而且更易維護**。這和乘客雖然無關，但在鐵道營運上，無疑是一大進步。

第 2 章　各種鐵道車輛

路面電車

行駛在松山市內線伊予鐵道的MOHA 2100型。藉由將車體部分地板降低的低底盤LRV（參照p.130），縮小和候車站月台之間的段差，讓上下車變得更容易。

近郊型電車

準備駛入博多站的JR九州813系列。負責福岡近郊都市之間的輸送。

新幹線電車

準備駛入大宮站的JR東日本之E2系列。它是1997年開始營運的新幹線電車，行駛在東北、上越、北越（長野）新幹線之間。在日本，高速鐵道上也有電車在行駛。

43

2-05 車輛的種類② 電氣機關車
為貨物列車及寢台列車打頭陣

　　電氣機關車是藉由馬達的力量來驅動與牽引貨車或客車的火車。在日本幾乎都是替貨物列車打頭陣，但也會出現在連結了客車的寢台列車上。

　　電氣機關車若牽引力較大，每一列車的輸送力就會提升，但實際上提升幅度不大，原因是**軸重**及消耗電力等都受限之故。

　　所謂的軸重是指施加於一條車軸的重量（垂直方向的負重），重量愈大摩擦力就愈大，因此牽引力就會變大。也就是說，若將軸重加大，電氣機關車就能一次牽引許多貨車或客車。

　　不過若軸重過大，就會因為車輪的負重而讓**軌道毀壞**。因此，軸重是有上限的，日本的鐵道是將軸重限制在16噸（正確來說是追加5%的16.8噸）以下。和容許20噸以上軸重的歐美鐵道相比，日本鐵道的軸重會較小，這和**日本有許多地基脆弱的區域**息息相關。

　　即使馬達數量一樣，只要提升每個的輸出力量，牽引力也會提升。只不過會對變電所等地上的電氣設備施加負擔，因此要搭載輸出力較大的馬達、提升電氣機關車的輸出力是有限的。

　　電氣機關車是設計成要**在這樣的制約當中發揮出極限的能力**。最近也有應用電車的技術，不只是以節能化或簡便化為目的，也對於防止車輪（動輪）的空轉或打滑下了一番工夫。

第 2 章　各種鐵道車輛

EF510型交直流電氣機關車

可以同時在直流電化區間與交流電化區間行駛的火車。裡面那台（0號台）是屬於JR貨物。前面那台（500號台）是屬於JR東日本的，也出現在寢台特急「北斗星」的最前頭。

EH500型交直流氣火車

EH500型的馬達。定格輸出是565kW。以一個馬達來驅動一條動軸。

行駛於東北本線、替貨物列車打頭陣、歸屬於JR貨物的EH500型。車體有兩個，動軸有8條，也可行駛青函隧道。暱稱為「ECO POWER金太郎」。

45

2-06 車輛的種類③　柴油機關車
因非電化區間及更換車輛而活躍

　　柴油機關車是以柴油引擎作為動力源的火車。不只是以非電化區間來牽引貨物列車或旅客列車，也使用在車輛基地或貨物終點站等要更換車輛的作業上。**不管有沒有電都可行駛在各處，是其一大優點。**

　　要將柴油引擎的動力傳達到車輪（動輪）的方法，主要有**機械式、液體式、電氣式**三種。機械式和液體式是經由變速機將動力傳達到車輪上的，機械是將使用齒輪變速機這一點應用在轎車的手排車上，液式使用液變速機這一點和轎車的自排車很相像。電氣式使藉由柴油引擎的動力來轉動發電機，再以獲得的電氣來轉動馬達，然後驅動車輪，因此會自行發電並藉由馬達來驅動這一點，和轎車的油電混合車很相像。

　　現在的柴油機關車，幾乎都沒有使用機械式，而剩下的液體式和電氣式則各有優缺點，因此在歐美主要是行駛電氣式的柴油機關車，而在日本則大多是液體式的柴油機關車。在日本的1950年代之前，曾導入德國技術並開發電氣式柴油機關車，但由於構造複雜又笨重，因此經常故障。因此，就**開發了構造簡單、又適合日本鐵道的液體式柴油機關車**。現在由於技術發達而解決了問題，因此北海道會有電氣式柴油機關車在行駛。另外，也出現搭載了蓄電池的油電混合環保火車，使用在貨車的交替作業上。

第 2 章　各種鐵道車輛

動力傳達的種類

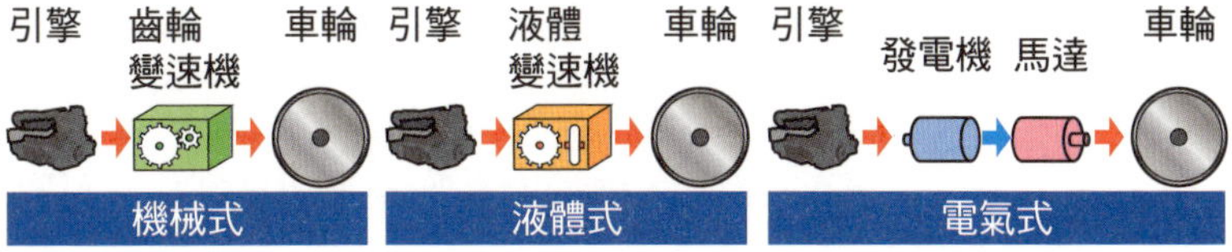

引擎　齒輪變速機　車輪　　引擎　液體變速機　車輪　　引擎　發電機　馬達　車輪

機械式　　　　　　　液體式　　　　　　　電氣式

電氣式DF200型柴油機關車

位在行駛函館本線的貨物列車最前頭的DF200型。電氣式，利用柴油引擎發電的電氣將馬達轉動來驅動。暱稱為「ECO POWER RED BEAR」。

液體式DE10型柴油機關車

使用於在車輛基地進行替換作業的DE10型。液體式，透過液體變速機將柴油引擎的動力傳達到動輪上。

47

2-07 車輛的種類④　柴油車
曾經榮登世界最多車輛數的非電化區間之寶座

　　柴油車和電車一樣，都是用於運送乘客等目的的自行行駛車輛，動力來源為柴油引擎。在日本，主要是行駛在地方的非電化軌道上。

　　柴油車也叫作氣動車或是內燃車，這些也包括了石油車或瓦斯車。以汽油引擎移動的石油車，在日本具有燃料的危險性，在戰後就消失了。以燃氣輪機移動的燃氣輪機車，是在1960年代在美國及日本等被開發出來的，但因為有燃料費用高、噪音大等問題，在日本並沒有被採用。正因為有這樣的背景，現在日本的氣動車是由柴油車所主宰，幾乎都是液體式的柴油車。

　　日本不只是電車，也是個**柴油車數量特別多的國家**。在蒸汽機關車廢止的同時、柴油車數量也急速增加的1970年代，日本暫時超越了英國，成為世界上最多的柴油車持有國。之後因電化區間的擴大及國鐵經營的惡化而導致數量減少，但從海外各國看來，柴油車活躍的場合依然很多。

　　不過在國鐵時代，存在著許多輸出較小、行駛性能劣於車的柴油車。那是因為電化的發展，柴油車的開發落後之故。有了JR之後，出現了具有能和電車一樣行駛性能、輸出力大的柴油車，以及可高速通過彎道的盪式柴油車，線路也經過改良，因此讓**非電化路線的速度提升**了。

第 2 章　各種鐵道車輛

行駛在非電化區間的柴油車

關東鐵道・常總線

是在首都圈內難能可見的非電化路線之一。有各個車種的柴油車在行駛。右圖的兩輛是承接國鐵柴油車（KIHA35系列）所改造的車輛。攝於2009年水海道車輛基地。

JR東海・特急【HIDA】

經由非電化的JR高山本線，連結大阪・名古屋〜高山・富山。照片的柴油車KIHA35系列，搭載了在英國工廠所製造出的高輸出力引擎，以提升速度。

49

2-08 車輛的種類⑤ 雙動力車
活用蓄電池的車輛

在轎車的世界，活用了蓄電池的電動車及油電混合車受到矚目，但鐵道車輛也有存在著活用了蓄電池的油電混合車。這裡就來介紹日本所開發的**油電混合柴油車與油電混合路面電車**。

油電混合柴車是使用柴油引擎與馬達所驅動的車輛，包括有JR東日本開發的KIHAE200型、由近畿車輛試做的「Smart BEST」。KIHAE200型在營業用上，是世界第一輛油電混合柴油車，從2007年起就行駛於JR小海線。這是使用蓄電池或回生煞車來提高能效的車輛，不只是能**提升燃料**，**減少二氧化碳等溫室效果廢氣或PM（粒子狀物質）的排出量**，也因為使用的零件與生產量大的電車共通，而有成本降低的優點。

油電混合路面電車是藉由外部或蓄電池的電氣而移動的電車，在有架線的區間，以吸取了電氣的蓄電池來充電，在沒有架線的區間，就可以蓄電池的電氣來行駛。包括有由鐵道綜合技術研究所所試做的「Hi-tram」、由川崎重工業所試做的「SWIMO」，以及由近畿車輛所試做的「ameriTRAM」。這不是只有**減少路面電車的消耗電力**，**也可以消除部分架線來美化都市景觀**。在非路面電車的一般形式方面，包括了由JR東日本所試做的「SMART電池君」。將之加以實用化的車輛，預定要被導入於非電化的JR烏山線上。

第 2 章　各種鐵道車輛

油電混合柴油車

**KIHAE200系列
（JR東日本）**
由JR東日本所開發的世界第一輛營業用油電混合柴油車。2007年開始行駛JR小海線。

油電混合系統
※煞車時將馬達當作發電機來利用，將蓄電池充電。
※以來自發電機及蓄電池的電力為基礎，和電車一樣用控制裝置來驅動馬達

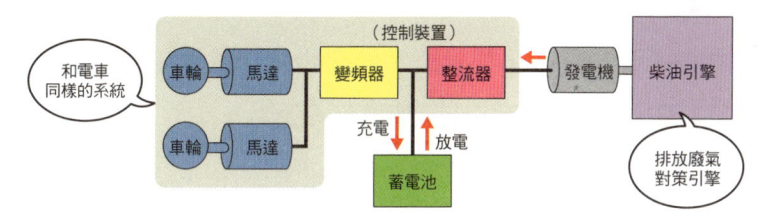

（控制裝置）

和電車同樣的系統　車輪—馬達—變頻器—整流器←發電機—柴油引擎
車輪—馬達
充電↓↑放電
蓄電池
排放廢氣對策引擎

圖表出處：2005年11月8日　JR東日本新聞公關處

附有柴油發電機的電車，搭載了蓄電池（鋰電池），即使是蓄電池的電氣也可以驅動。在使用回生煞車的時候，就會以馬達將發電的電氣充電到蓄電池裡。

油電混合路面電車

**Hi-tram
（鐵道綜合技術研究所）**

可將自縮放儀吸收的電氣充電到蓄電池裡，只有蓄電池的電氣也能夠驅動。圖為2007年冬天在札幌市電所進行的行駛測試。

51

2-09 車輛的種類⑥　蒸汽機關車
過去身為活動列車的主角

像現在一樣，在電車或柴油車等普及之前，**蒸汽機關車**牽引了許多列車。蒸汽機關車會一邊行駛一邊冒出煙霧及蒸汽，而且活動動輪的連結棒活動的部分是外露的，因此行駛的樣貌，有著電車所沒有的魄力。像這樣的蒸汽機關車，在日本的國鐵（現在的JR）已在1976年全數消失。現在行駛的蒸汽機關車除了遊樂場之外，還包括廢車後沒有被解體而保存在公園，再經過修復後的火車。為何蒸汽機關車會瞬間消失呢？那是因為**和之後登場的以電氣機關車、柴油機關車行駛的鐵道車輛相比，問題較多之故**。

蒸汽機關車是在迎接產業革命的19世紀初在英國誕生的。被視為是世界第一個蒸汽機關車的，是1804年載送10噸鋼鐵及70名旅客的潘尼達倫（Peny Darren）號，是由理查・特里維西克（Richard Trevithick）所開發的。蒸汽機關車的誕生，不需倚賴倚賴人力或馬力便能在陸上一次運送大量的人力或貨物，為交通帶來了一大革命。可是，當藉由電氣機關或柴油機關驅動的車輛登場之後，像是**煙霧或煤氣的汙染、不良的能效、維護費時**等缺點就一一浮現。另外，由於汽車或飛機的發展而讓鐵道的運輸量減少，經營的合理化變得必要，因此國鐵就把蒸汽機關車全面性地廢止了。

現在，蒸汽機關車會以活動列車的形式在行駛，但每次運行前的準備及運行後的善後，都需要花費許多人力來作業。看到那個狀況，就可充分明白蒸汽機關車消失的理由了。

第 2 章　各種鐵道車輛

現在正在運行的SL列車

大井川鐵道「SL急行」

自1976年開始運行。牽引用的蒸汽機關車現在有5輛。殘留著使用舊型客車的蒸汽機關車全盛期的氛圍，也經常運用在電影或電視劇中作為取景。

真岡鐵道「SL真岡」

自1994年起在週末等會一天往返一次。兩輛的蒸汽機關車（C11型、C12型）有時也會連結（如圖）在一起運行。有一輛（C11型）曾被JR東日本借用過。

53

2-10 車輛的種類⑦　客車與貨車
被火車牽引來運送旅客及貨物

　　在被火車牽引的車輛方面，有包括運送旅客的**客車**與運送貨物的**貨車**。

　　日本的鐵道在過去，客車大多會當作旅客列車來使用，但現在受到電車及柴油車的壓制，除了作為寢台列車或特定活動列車以外，早已失去活躍的舞台。多餘的客車大多數已成為廢車被解體，但也有的客車被送交至海外，改造成被稱為Joyful Train的團體專用車輛或是柴油車。

　　貨物列車至今大多依然保留著。由於貨物有各式各樣，像是搬運貨櫃的**貨櫃車**、搬運石油等液體的**油槽車**、搬運碎石或水泥等粒狀物的**煤斗車**等構造不同的貨車。提到較獨特的貨車，有一種車輪數量很多的鉗夾車，使用在運送又大又重的貨物上。現在為了追求提升速度，能高速行駛的貨車愈來愈增加，能應用在海上貨櫃上、或是以時速110km行駛的貨櫃車也逐漸增加中。

　　貨櫃運送具有容易堆積貨物在貨櫃或船舶上等的優點，而日本的鐵道貨物運送成為主流，是在與卡車競爭激烈化的1970年代以後。在那之前都是在操車場，將貨物列車的貨車以目的地作區別來做調整，由於效能差又費時，在歐美率先將早已普及的貨櫃運送導入，以讓運送更加效率化。

　　另外，在行駛在東京～大阪之間的貨物列車的一部分當中，也包含了運送貨櫃的貨物電車。

多餘的客車→Joyful Train（團體專用車輛）

2008年退休的JR東日本客車「YUTORI」。是將座席車輛改造成歐風客車「Salon Express」，再改造成和風客車的客車。從國鐵末期到JR初期，出現了許多像這樣利用多餘客車的Joyful Train。

多餘的客車→柴油車

將多餘客車加以改造的JR北海道柴油車（KIHA141系列）。它是在札幌近郊、愈來愈都市化的札沼線運行，但2012年因札沼線電化的列車電車化，因而減少了它的曝光度。

貨車

煤斗車
運送粒狀或粉狀物品的貨車。使用在搬運碎石、礦石、水泥等上。

槽車
搬運液體的貨車。使用在搬運汽油等石油製品或化學製品上。

貨櫃車
搬運貨櫃的貨車。由於貨櫃運輸的增加，現在已成為貨車的主流。

55

2-11 車輛的種類⑧ 特殊車與保線用車
一般人雖無法搭乘但卻是很重要的車輛

在行駛線路的車輛當中，包括了不使用在旅客或貨物的營業列車上的**特殊車**、以及**保線用車**。保線用車在鐵道的領域中並非是車輛，而被視為沒有車歷的機械，提到一般人無法搭乘的車輛，接下來就來介紹一下。

在特殊車方面，包括了剷除線路積雪的**除雪車**、確認線路是否有異常的**軌道試驗車**及**電氣試驗車**、**建築界限測定車**等。連結火車行駛的除雪車，由於增設有除雪剷頭的除雪柴油機關車、靠引擎力量自行行駛的馬達車（作為保線用車）的普及，已從JR既有線路消失，但在札幌及函館的路面電車，存在著叫作SASARA**電車**的除雪車。是將被叫作SASARA的竹製刷子以馬達旋轉、彈開路面上積雪的電車。建築界限測定車則是確認線路周遭的東西是否有佔據建築界限內側的車輛，由於被叫作箭羽的板子有多數突出，和在頭髮上插上許多髮簪的花魁很相似，因此也被叫作OIRAN**車**。現在也有以雷射光束替代箭羽來測定的建築界限測定車。過去，還有連結貨物列車、有車掌服務的**車掌車**，以及將暖氣的蒸汽提供給客車的**暖氣車**，但現在已無使用。行駛在東海道・山陽新幹線的Dr. Yellow（新幹線電氣軌道綜合試驗車）也是特殊車的一種，詳情將會在4-08再作說明。

保線車是為了維護線路的車輛，有許多形式及構造獨特的類型。詳情將會在6-11作說明。

第 2 章　各種鐵道車輛

除雪柴油機關車

前後具有除雪剷頭，去除線路上的積雪。

SASARA電車

繞轉竹製刷子、去除軌道上積雪的車輛。圖片是隸屬於札幌市電的電車。

軌道試驗車

檢查軌道上是否有鬆脫等異常的車輛。

保線用車

圖片是暱稱為「青大將」的JR東日本保線用車。使用在軌道的道碴替換上，以第一車廂的機械臂剷下軌道的道碴。平常只會在深夜出現。

57

COLUMN.2

費工的蒸汽機關車之準備工作

　　蒸汽機關車的準備既費時又費力。我曾經在真岡鐵道採訪和體驗過準備作業，從作業開始到出發就花了兩個小時以上。

　　蒸汽機關車的準備，不只是燃燒煤碳來提升燃爐的蒸汽壓力，還包括細部的檢查、煤碳、水和潤滑油的補充等許多必要的作業。

　　蒸汽機關車活動的部分及零件之間摩擦的部分很多，每一處都有一個可儲存叫作「油壺」的潤滑油的小型油槽。油壺即使是小型的蒸汽機關車也有超過100處有設置，在行駛的日子都必須要在油壺補充潤滑油。

　　停放在附近車庫的柴油車，只要駕駛一坐上去就能馬上啟動，並迅速進入幹線，在月台載送乘客然後駛離。和蒸汽機關車完全相反。

運行前進行的注油作業。在100處以上的油壺裡補充潤滑油。

第3章

鐵道車輛的構造

車輛也有構造不同的種類。
在本章中，就來理解一下車輛內部的零件，
看看車輛及車體構造有哪些種類吧。

JR東日本的團體專用電車「NAGOMI」

3-01 車輛的基本構造① 車體與台車
二軸車輛、平台車、連接車

　　車輛是以車輪（車軸）將載有人或物的車體支撐住的構造。除了車軸配置複雜的火車之外，主要包括有**二軸車輛、平台車、連接車**等車體支撐力不同的車輛。日本在過去，是使用二軸車輛的貨車及客車，**現在則大多使用可將車體延長的平台車**。由於連接車具有台車數量減少、可輕量化等優點，在海外的高速列車皆有使用，但日本則只有小田急的特急列車與一部分的路面電車使用。

　　台車是支撐車體的行駛裝置，不只是在軌道上行駛所必要的車輪或車軸，還內裝了緩和來自車軸的震動或衝擊之懸吊系統、讓車輛減速並停止的煞車裝置等。電車的電動車台車，更是裝設有傳導動力到車軸的驅動裝置，因此台車的構造會更加複雜。

　　最近，省略掉過去台車的枕梁而變得輕量化的**無枕梁轉向架台車逐漸成為主流**。另外在旅客車方面，在台車框架與車體之間設置**氣墊來作為懸吊系統已逐漸普遍**。所謂的氣墊，是利用壓縮空氣的彈簧，具有可吸收舊有金屬彈簧無法完全吸收的細微震動之特點。

　　當車輛高速行駛時，除了車軸或台車會不安穩地晃動、產生蛇行狀況，坐起來不舒適，也會導致脫軌。因此，會在台車的構造及車輪的踏面形狀下工夫來防止蛇行，使其能安定地行駛。

第 3 章　鐵道車輛的構造

車體支撐方式的主要種類

二軸車　　平台車　　　　　連接車
車體　　　台車

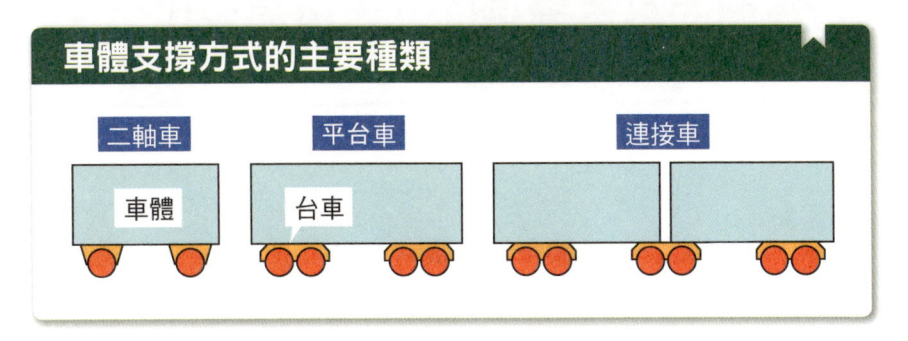

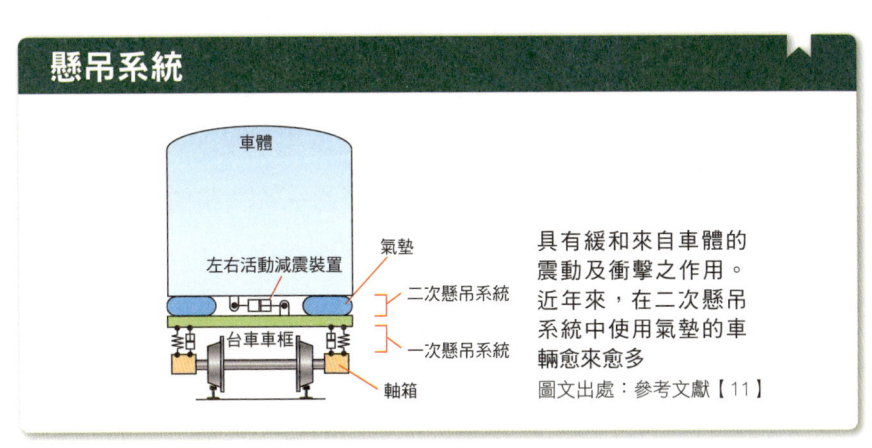

懸吊系統

車體
氣墊
左右活動減震裝置
二次懸吊系統
一次懸吊系統
台車車框
軸
軸箱

具有緩和來自車體的震動及衝擊之作用。近年來，在二次懸吊系統中使用氣墊的車輛愈來愈多

圖文出處：參考文獻【11】

台車

圖片是JR東日本的通勤電車（E231系列）電動車的台車。在右側的驅動裝置中，為了將馬達動力傳達到車軸上而裝設了齒輪。

61

3-02 車輛的基本構造② 大小的決定
車輛的長度與剖面形狀

　　鐵道會針對行駛區間來嚴格限制車輛大小。這是為了避免行駛的車輛會碰撞到車站月台及隧道牆壁。因此即使是一樣的鐵道公司，有時車輛的大小會因為路線而有所不同。

　　車輛的長度並非車體長度，一般是以包括前後連結器的距離（連結面間距離）來表示。日本的通勤電車標準是20m，但地下鐵也有的是18m以下。在有許多急彎的新交通系統或路面電車，有更短的電車存在，但新幹線則是25m為標準。

　　車輛的最大幅度在日本，2.8～3.0m是標準，但新交通系統或路面電車，有更狹窄的電車存在，而且新幹線大約3.4m是標準。

　　車輛剖面的大小，是以**車輛界限來限制**的。所謂的車輛界限，是從**這個範圍必須要突出外側的界限**，即使同樣是JR，新幹線與舊幹線的車輛界限也會不同。被稱為迷你新幹線的山形・秋田新幹線的電車，幅度比只行駛東北新幹線的電車還要窄，那是因為配合延伸的舊幹線之車輛界限之故。

　　行駛舊幹線的雙層車輛之二樓天花板之所以會有弧度，也是因為要將車體車頂控制在車輛界限內。

　　另一方面，隧道或橋梁、車站月台等構造物的大小或位置，是以**建築界限來限制**的。所謂的建築界限，是指**不可以進入這個範圍內側的界限**，這一點舊幹線與新幹線也有所不同。

第 3 章　鐵道車輛的構造

車輛的剖面（車輛界限）

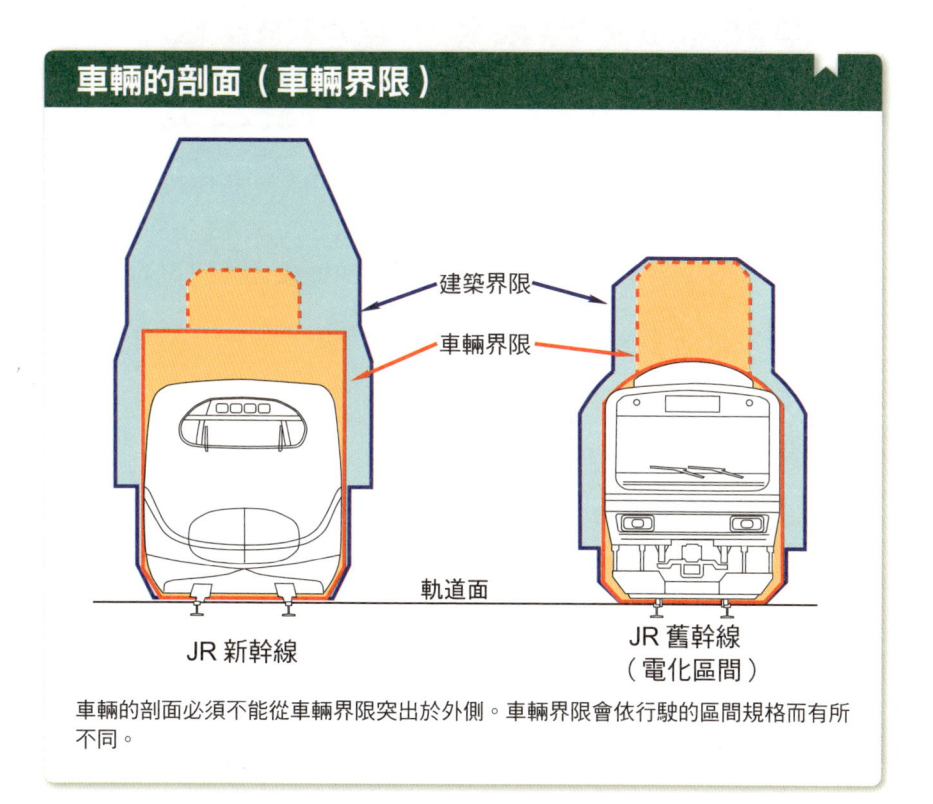

建築界限
車輛界限
軌道面

JR 新幹線　　　　　JR 舊幹線（電化區間）

車輛的剖面必須不能從車輛界限突出於外側。車輛界限會依行駛的區間規格而有所不同。

車輛的長度（連結面之間距離）

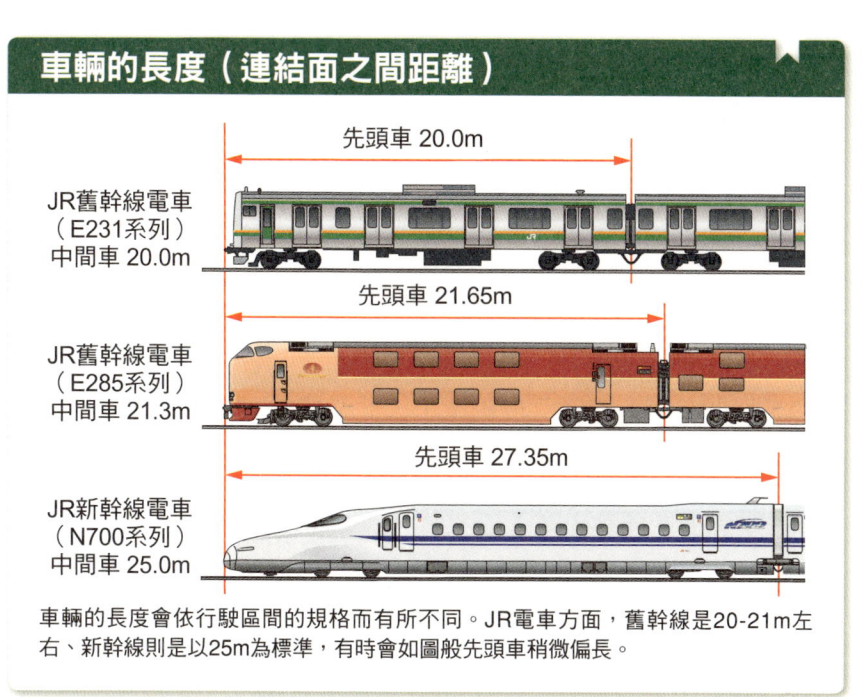

JR舊幹線電車
（E231系列）
中間車 20.0m
先頭車 20.0m

JR舊幹線電車
（E285系列）
中間車 21.3m
先頭車 21.65m

JR新幹線電車
（N700系列）
中間車 25.0m
先頭車 27.35m

車輛的長度會依行駛區間的規格而有所不同。JR電車方面，舊幹線是20-21m左右、新幹線則是以25m為標準，有時會如圖般先頭車稍微偏長。

63

3-03 車輛的基本構造③　車體與車內
有和木造建築一樣名字的零件？

　　車體有各種零件。例如若環視通勤電車的車內，可以看到座位或吊環、握桿等各種設備。這些都是乘客或坐或站、支撐身體時所必要的零件。近年來，由於推行無障礙化，導入了環狀設計，讓高齡者或身障者等都可以方便利用。

　　車內的構造也依地域而有所不同。例如，首都圈的通勤電車，大多數在切割電車門附近與座位處，有一個叫作**擋風板**的板子。這是為了防止站在門口附近的人依靠在坐在座位上的人所設，但京阪神圈的通勤電車就不會看到。**首都圈在尖鋒時間、混亂度會比京阪神圈還要高，這種情況也反映在電車上。**

　　在車體的車頂及地板上，都會有讓車內保持舒適的冷卻器，或是讓電車前進所需要的機器。

　　去除掉這些零件或機器的車體箱狀基本部分，稱為**構體**。鋼（鐵）製車體，是指構體材料是鋼的。最近不易生鏽的不鏽鋼製、或是輕鋁合金製的**構體**也逐漸增加。

　　構體一開始並非是金屬製，**其實原本是木製的**。是在被叫作台框的基礎部分上方集結了木材來製作構體。那個狀況和在石頭的基礎部分上進行木造建築很相像，因此構體的零件似乎也和木造建築的零件取了一樣的名字。「側牆」（意指構體側面）與「山牆」（意指車廂彼此連結的那一面）等名詞，也使用在木造建築上。

第 **3** 章　鐵道車輛的構造

車內的設備（以通勤電車為例）

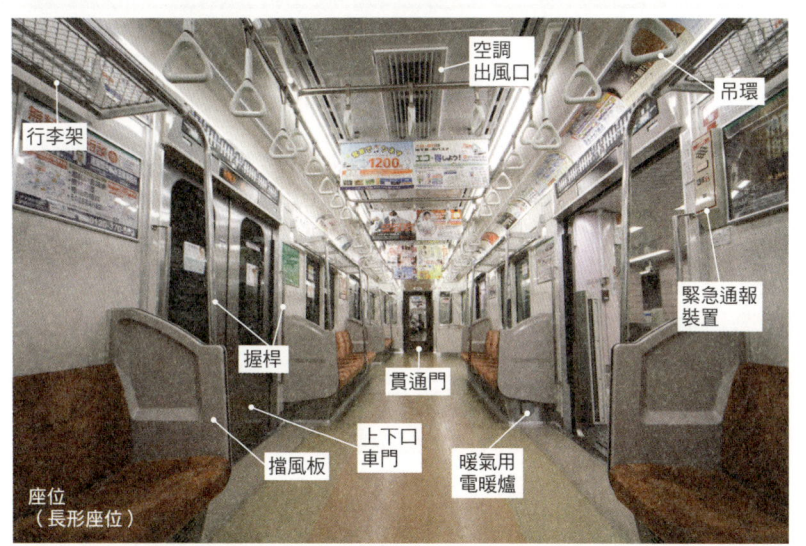

（圖片標示：行李架、空調出風口、吊環、握桿、貫通門、緊急通報裝置、擋風板、上下口車門、暖氣用電暖爐、座位（長形座位））

圖片是橫濱市營地下鐵藍線的車內。擋風板在首都圈的電車經常可見。

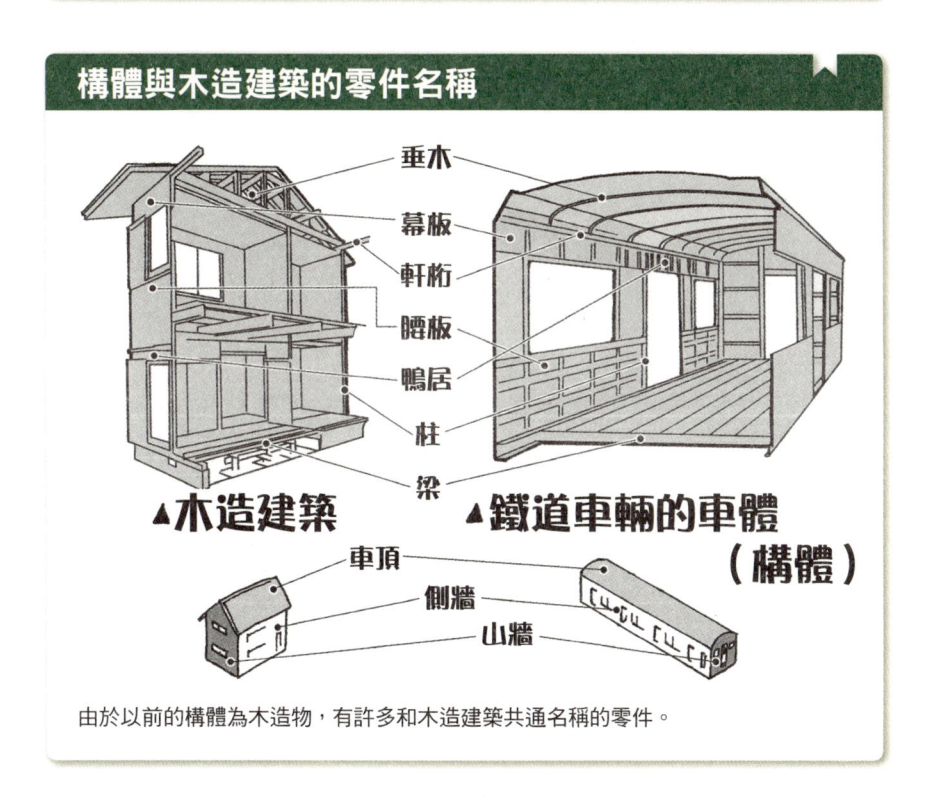

構體與木造建築的零件名稱

（圖片標示：垂木、幕板、軒桁、睡板、鴨居、柱、梁）

▲木造建築　　▲鐵道車輛的車體（構體）

（圖片標示：車頂、側牆、山牆）

由於以前的構體為木造物，有許多和木造建築共通名稱的零件。

65

3-04 車輛的零件① 連結篇
連結車輛之間的零件

　　在鐵道，由於是由數個車輛連結而行駛，因此就需要連結車輛之間的**連結器**了。連結器有各式種類，在日本則以**自動連結器**或是**密著連結器**為主流。

　　另一方面在**歐洲**，有的區域至今還在使用舊式的**扭轉式連結器**。扭轉式連結器過去在日本也曾使用過，但除了連結作業很費時之外，站立在連結部分的作業員也曝露在風險之中，因此日本在1920年代，就將所有車輛的扭轉式連結器都一口氣替換成自動連結器了。

　　自動連結器在**連結器之間彼此靠近時，就會自動上鎖而完成連結**，像是手掌形狀的部分（轉向節）彼此會掛住，保留住空隙而連結的構造。這個空隙就是為了減輕火車負擔所設。在牽引數個客車或貨車時，連結器的空隙就會由前方依序填平，施加於火車上的負擔就會分散，因此列車就可以輕鬆地往前進了。

　　自行行駛的電車或柴油車列車，由於沒有這樣的空隙也能前進，因此是使用沒有空隙的密著連結器或**密著自動連結器**。另外，切割機會少的電車之間，通常是使用無法分離的**棒狀連結器**。

　　除了像這樣機械性連結的連結器，也有連結電路的**電氣連結器**。最近，有內含密著連結器與電氣連結器的電車或柴油車，在機械上與電氣上都能一次連結，作業員下到軌道上作業的機會也減少了。

第 **3** 章　鐵道車輛的構造

扭轉式連結器

掛上勾子、扭轉並栓緊的類型。歐洲現在還在使用。

自動連結器

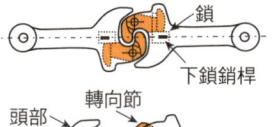

當轉向節旋轉之後就會上鎖的類型。是轉向節之間彼此勾住來連結。

鎖
下鎖銷桿
轉向節
頭部

密著自動連結器

消除自動連結器空隙的類型。使用在客車或柴油車上。

密著連結器

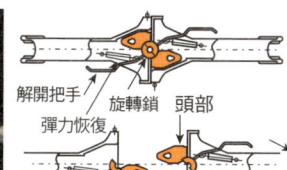

沒有轉向節、沒有空隙而連結的類型。使用在電車等上面。

解開把手
旋轉鎖
頭部
彈力恢復

67

3-05 車輛的零件② 煞車裝置
安全至上的必備設備

　　汽車或船隻的碰撞事故，可藉由改變方向來避免，或是停止來做基本的閃避，但藉由機翼升力來支撐機體的飛機，由於無法在空中停止，因此只能改變方向。在鐵道，**因為無法自由改變方向，但可藉由讓車輛停止來避免交通意外，因此煞車裝置變得很重要**。再怎麼快速奔馳的列車，若無法在固定的距離內停止就不安全，無法達成身為大眾運輸系統的使命。

　　車輛的煞車有各式各樣，**最基本的就是空氣煞車**。空氣煞車是以壓縮空氣來讓煞車汽缸啟動，運用該力量推近將制動瓦固定在車輪踏面及車軸的煞車碟，藉由摩擦來進行煞車動作。還有直通空氣煞車等啟動方法不同的種類存在，現在在日本，是以由駕駛座藉由電氣將指令傳達到煞車裝置，縮短駕駛在從操作煞車後到啟動前的反應時間的電氣指令式空氣煞車較為普及。

　　除了空氣煞車以外較常使用的，還有電車或電氣機關車的發電煞車、回生煞車、渦電流煞車、柴油車或柴油機關車的引擎煞車、變流器煞車、排氣煞車。這些都是和空氣煞車合併使用的，但由於**減少空氣煞車的使用頻率**，具有讓制動瓦不易磨損的效果，因此現在經常使用，也有幾乎只靠回生煞車就停止的電車。

　　除此之外，還包括只靠人力推擠制動瓦的手動煞車或單煞車。

第 **3** 章　鐵道車輛的構造

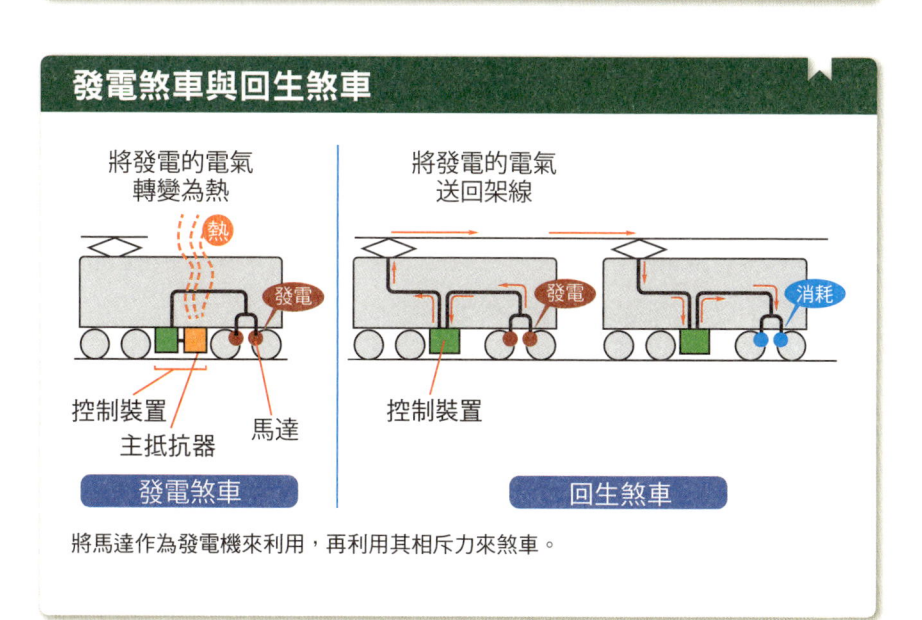

空氣煞車

踏面煞車

煞車汽缸

制動瓦

煞車碟

煞車碟

制動瓦

煞車汽缸

煞車碟

運用煞車汽缸的力量將制動瓦推近車輪踏面或煞車碟上，利用摩擦來進行煞車動作。由於制動瓦會磨損，所以需要更換。

發電煞車與回生煞車

將發電的電氣轉變為熱

熱

發電

控制裝置
主抵抗器　馬達

發電煞車

將發電的電氣送回架線

發電　消耗

控制裝置

回生煞車

將馬達作為發電機來利用，再利用其相斥力來煞車。

69

3-06 車輛的零件③ 加熱器與冷卻器
讓車內保持舒適的空調裝置

　　車內的溫度會依氣候及車內的擁擠度而改變，因此讓車內保持舒適的空調裝置是不可欠缺的。空調裝置有包括暖氣、冷氣以及送風。

　　由於車內暖氣的利用期間長、必要性也高，因此很早之前就被使用了。當初使用的是**蒸汽暖氣**，藉由來自火車運送的蒸汽來讓客車車內加溫。柴油車則是使用利用了引擎排熱的**溫水暖氣**。由於這些的溫度管理困難，現在則是以可在電車內長時間使用，以**電氣加熱器讓車內增溫的電氣暖氣為主流**。電氣暖氣通常都是設置在座位下方。

　　由於車內冷氣比車內暖氣的必要性較低，所以普及時間較慢。在日本，是優先導入特急列車等優等列車，但1980年代以後也導入了通勤電車，現在在大多數的旅客車內都會設有冷暖氣。

　　車內的冷氣及送風，**一般都是藉由設備冷卻器來進行**。通勤電車在車頂上有設備冷卻器，是將冷風通過天花板上的空氣管，然後均一地往下吹彿整個車內。另一方面，在一部分的新幹線電車及震盪車輛，是將設備冷卻器設置在地板下方，經由空氣管讓冷風由車內上部往下吹。將冷風從上往下吹，是為了運用空氣對流，讓冷氣充斥在整個車內之故。

　　通勤電車的停車站比特急電車還要多、車門開關頻率高，**擁擠時車內溫度就容易上升，因此有些會更加強其冷房能力**。

加熱器

進行車內的暖氣。電氣暖氣的加熱器是設在座位下方。如圖（福岡市營地下鐵七隈線車內），地板延伸到加熱器下方、讓清潔變得容易的例子愈來愈多。

設備冷卻器

進行車內的冷氣與送風。以通勤電車來說，都會如圖般裝設在車頂上方，但也有的是像新幹線電車或震盪式車輛般、設置在車體地板下方。

3-07 車輛的零件④　集電裝置
集結電氣的裝置

　　電氣或電氣機關車，都有從外部集結電氣的集電裝置。現在主要使用的集電裝置，是**導電弓**與**集電靴**。

　　導電弓是放置在車體的車頂上，和架設在軌道上的電線（架線，正式來說是架空電車線）接觸並集結電器。它是在美國所開發的集電裝置，即使架線的高度改變、也會以相同的力量將架線往上推，**在集結電氣上設計的比過去的接電桿及弓形滑接器來得穩定**。過去較常見的是被稱為「菱形」的東西，最近則以在法國被開發、被稱為「單臂形」的「く」字形導電弓較為普遍。在首都圈的通勤電車或新幹線電車中，單臂形已成為主流了。

　　集電靴是指和鋪設在線路上的給電用軌道接觸來集結電氣的零件。在日本，東京METRO銀座線等地下鐵，是採用從**第三條軌道**集結電氣的第三軌條方式。在新交通系統當中，也有的會為了供給三相交流而在導溝設置三條電線（電車線），電車就會藉由三條集電靴來集結電氣。在海外，除了地下鐵之外也會使用集電靴，歐洲的國際高速列車「歐洲之星」，過去在行經英國國內舊幹線時、也曾使用集電靴。在倫敦的地下鐵，有採用鋪設四條軌道的**第四軌條方式**之區間，電車的集電靴是從兩條軌道來集結電氣。

第 **3** 章　鐵道車輛的構造

導電弓

菱形

從旁邊來看是呈現菱形。是將與架線接觸的滑板往正上方推擠的構造。

單臂形

由於構造比菱形簡單，以首都圈為中心廣泛普及。

集電靴

第三軌條方式

名古屋市營地下鐵的初代電車（100型）集電靴（紅色的部分）。是和給電用軌道（第三軌條）接觸來集結電氣。因為占據的空間沒像導電弓那麼大，在日本是在隧道剖面面積小的地下鐵使用。

第四軌條方式

倫敦地下鐵的部分路線有採用，和兩條行駛用軌道不同，是鋪設兩條給電用軌道

73

3-08 車輛的零件⑤ 座位與門
依用途變動的車內格局

　　旅客車的車內是細長型的空間，會依用途來改變座位、車門及門廊等格局。這裡就來看看排列著座位的座席車之車內格局吧。

　　國鐵時代會將旅客車的用途區分為通勤型、近郊型、急行型、特急型。在追求輸送力的通勤型方面，是在橫向設置長型的長條座椅來減少座位，增加每輛車的容納人數。這個構造並不適合長時間乘車，因此就像是近郊型是半十字型座位、急行型是十字型座位、特急型是轉換十字型座位或傾斜座席一樣，會配合**各個用途或乘車時間來改變座位的配置或是構造**。通勤型的車門數量會在同一側設三～四處（其中最多是六處）來方便乘客上下車，而在上下車頻率較少的急行型或特急型方面，車門數量則是在同一側設置一～兩處。另外，急行型或特急型會置門廊，防止噪音或冷暖氣直接進入車廂，提升車廂的舒適度。

　　現在的JR，用途的分類和國鐵時代稍有不同。由於急行列車的減少而讓急行型消失，有時會將通勤型與近郊型合併在一起稱呼為一般型。在JR東海的舊幹線，也有沒有門廊的特急電車。

　　在北海道，為了提高車廂的保溫性，近郊型中也有設置門廊的電車，現在則是有在車門上設置防止因空氣流動讓冷空氣進入的氣簾，而沒有設置門廊的電車。

　　在新幹線電車當中，存在著針對車廂層級的各種座位配置版本。

第 3 章　鐵道車輛的構造

座位和車門的配置

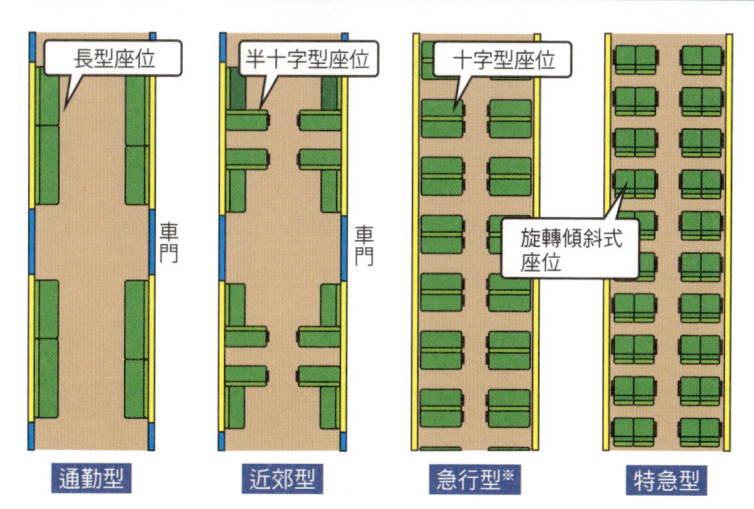

長型座位　　半十字型座位　　十字型座位

車門　　車門　　旋轉傾斜式座位

通勤型　　近郊型　　急行型※　　特急型

新幹線電車的車體由於比舊幹線電車來得寬，座位配置的標準是普通型 2 ＋ 3 列、綠色（頭等）座位是 2 ＋ 2 列，但也有座位配置不同的車輛存在。

※現在幾乎已不復見

新幹線的座位配置

2 ＋ 3 列（N700系列普通席）

1 ＋ 2 列（E5系列頂級型）

3 ＋ 3 列（E1系列雙層普通席）

車廂幅度都大同小異，配置會針對用途而有不同。E5系列的綠色（頭等）座位會比一般的綠色座位更優越，座位幅度和前後間隔也比較寬鬆。

75

3-09 車體的構造①
具備床鋪的寢台車

　　旅客車大多是在車內設置座位的座席車，其中也包括了寢台車、餐車、展望車等車內構造特殊的車輛。寢台車是在車內具備床鋪的車輛，**但現在的日本已經很少見了。**

　　在飛機、新幹線等高速鐵道、夜間巴士等還沒像現在這麼發達的時候，通宵行駛的列車是長距離移動時不可或缺的存在。夜間列車原本是使用座席車，但之後就開始使用寢台車了。寢台車是1830年代於美國登場，之後也普及到歐洲。在日本，是從1900年開始使用的，1958年還出現了所有車廂都是由寢台車構成的寢台特急「ASAKAZE」。像這樣的寢台特急，之後被暱稱為「藍色火車」，在1970年代走進了全盛時期。

　　日本的寢台車一開始很陽春，除了簾子之外完全沒有做區隔。之後為了提升服務，將原本分成三層的寢台改分成兩層，並為了顧及隱私問題而將寢台整個個人房化等，下了不少改善工夫，但寢台列車的使用者還是不斷減少，最終消失了一大半。雖然還保留著像1988年登場的寢台特急「北斗星」般車內設備充實，儘量能發揮出旅行樂趣的列車，但**日本寢台車的活躍場合，已經比全盛期還要大幅減少。**在剩餘的寢台車當中，也有的已轉移陣地到泰國國鐵行駛。

　　另一方面也有新的寢台列車的計劃，那就是2013年10月開始，預定在九州會有一台豪華寢台列車「七星in九州」正式行駛。

數輛減少的「藍色火車」

從上野行駛到青森的寢台特急「AKEBONO」。車體連結藍色客車（寢台車）的寢台特急被稱為「藍色火車」，但現在所剩無幾。

個人房化的寢台

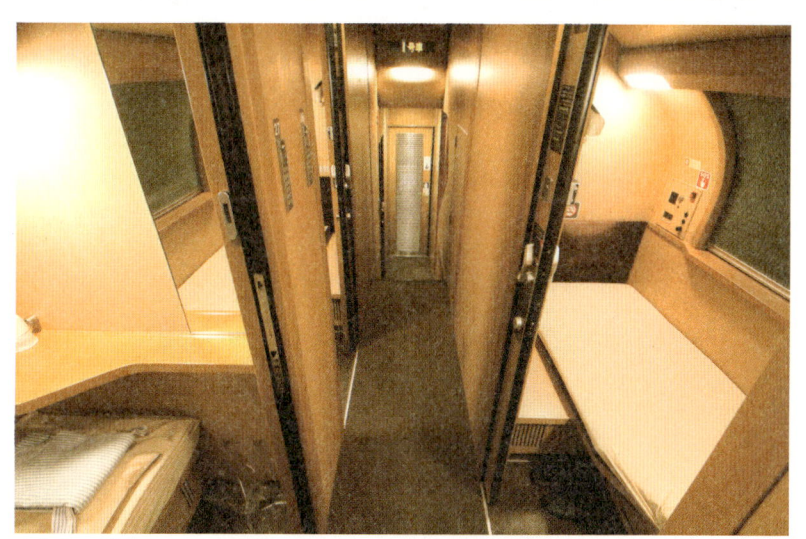

寢台特急「日出出雲・瀨戶」的車內。走道兩側排列著單人用的個人房。在現在殘留的寢台特急當中，有配合使用者的需導入了個人房寢台。

3-10 車體的構造②
餐車與展望室

　　和寢台車一樣，餐車與展望車也會隨著時代而變化。餐車在過去，都是和日本的許多長距離列車連結在一起。原因就是因為在長時間乘車的列車方面，提供餐飲的餐廳是不可或缺的。可是，現在的**餐車已非常稀少**，只能在一部分的寢台列車看到而已。

　　其原因有很多，像是因新幹線的普及而讓乘車時間縮短，因火車便當等車內販售的普及讓餐車的使用者減少，還有發生在1972年北陸隧道的事故，讓餐車廚房的火源問題受到正視等。在海外，由於高速列車的普及讓乘車時間縮短、餐車的使用者減少，因此有的會在車內設置自助餐、提供輕食來代替餐廳。放眼全世界，餐車似乎有減少的傾向。

　　可是，飲食也是旅行的樂趣，因此**近年來有的也會導入餐廳，作為表現出旅行氛圍的吸引點**。之前提及的「北斗星」及「七星in九州」等豪華寢台列車，也都備有餐車，而且在肥薩ORANGE鐵道，也有行駛可在車內享受餐的觀光列車「ORANGE食堂」。

　　可眺望景色的展望車，是19世紀末在美國登場，之後則在歐洲普及。在日本是於20世紀初登場的，但當時是費用昂貴的頭等車，對一般小老百姓來說可說是遙不可及。現在，有可眺望前方景色的特急列車或活動列車，也有備有可眺後方景色的套房之寢台列車。

※1972年11月6日凌晨，日本50次旅客快車在行至北陸幹線北陸隧道時，第11列的餐車突然起火，造成30人死亡，714人受傷。

第 3 章　鐵道車輛的構造

餐車

東海道・山陽新幹線的電車（100系列）的食堂。車輛有雙層樓、二樓的眺望景色優美，博得了一時的人氣，但之後使用者逐漸減少，2000年便結束了營業。攝於名古屋的線性鐵道館。

展望室

寢台特急「Casiopea」的展望室。為了讓視野變好而把地面增高。是任何乘客都能利用的休閒空間。

3-11 車體的構造③
日本所沒有的海外車內設備與車外設備

　　有時海外的車輛，在車內與車外設備方面是日本的車輛所沒有的。**鐵道車輛的行駛區間受限，比起飛機、汽車、船舶，還要更能濃烈反映出當地的文化與習慣、輸送需求等，因此各個國家或地區的設備各有不同。**

　　例如在中國的長距離列車當中，大多數在車內都設有供給熱水的**飲水機**。由於中國自古以來就有喝茶的習慣，為了讓身上的茶葉都能物盡其用，因此車內都會提供熱水。也有不少人利用這個熱水吃泡麵。

　　在連結中國西寧與西藏自治區首府拉薩的青藏鐵路列車，由於行駛於標高5000m以上的低氧地區，因此在車內設有防止高山症的**吸氧設備**。

　　在美國的紐約地下鐵，車內是使用**塑膠製的座位**，並設有許多**扶桿**來替代皮革吊環。在紐約，由於1970年代常常發生在電車上噴漆或塗鴉、或把吊環扯下等破壞行為，因此便**導入容易將塗鴉擦拭掉的座位，並移除吊環**。另外，**利用不願意弄髒國旗的心理**，在車體外側放上美國國旗來防止塗鴉。

　　在英國倫敦的地下鐵當中，**扶握的部分則是使用球狀的吊環或握桿**。

　　這只是其中一例。除此之外，還有不少要身歷其境才能看得到的車內與車外設備。

在海外的車輛中可以看到的設備

飲水器（中國青藏鐵路）

沒有吊環的電車（倫敦）

放上國旗的電車（紐約地下鐵）

（左上）由於有喝茶習慣而設置在車內。（右上）設置藍色握桿來代替吊環。（右下）為了防止塗鴉，在車體側面貼上國旗貼紙。

塑膠製的座位

在紐約的地下鐵中，為了讓塗鴉容易擦拭而在車內使用塑膠製座位。

3-12 構造特殊的車輛①
因彎道而讓車體傾斜的車輛

在旅客車當中，有因應彎道而傾斜車體的車輛。傾斜車體的理由，只要想想跑操場的時候就能知道了。當進入彎道時，我們都會下意識地將身體往彎道內側傾斜奔跑，那是因為重力讓離心力和逆向的力量發揮作用，離心力的影響變小而變得容易奔跑的關係。同樣地，若將車體往彎道內側傾斜，消除離心力的力量發揮作用，施加於乘客身上，使其感到不舒適的橫向力量就會變小，因此**在保持舒適的搭乘感覺下，還能比從前更快速地通過、並縮短時間。**

傾斜車體的車輛代表範例，包括像是**振盪式車輛**。振盪式車輛又區分為以油壓汽缸等強制將車體傾斜的強制振盪，以及以在車體上作用的離心力傾斜車體的自然振盪。強制振盪的傾斜角度可以比自然振盪來得大，但車體傾斜控制較為複雜。**歐洲的振盪式車輛**大多是採用強制振盪，日本的振盪式車輛則是採用信賴度較高的自然振盪。在日本，振盪式的電車或柴油車是使用於行駛於JR舊幹線的特急列車上。

振盪式車輛必須要把重心放低、車體及台車也必須要是特殊構造，由於製造費比一般的車輛來得高，因此就開發了**氣墊式車輛**。氣墊式車輛是改變車體下方左右的氣墊高度、讓車體傾斜的車輛。**和振盪式車輛相比，車體傾斜角度雖小，但卻能控制製造費用。**在日本，JR北海道的柴油車、小田急及名鐵的電車、N700系列等的新幹線電車也都有使用。

第 3 章　鐵道車輛的構造

振盪式（自然振盪）

以JR四國的振盪式柴油車（2000系列）行駛的特急「南風」。行駛在有連續彎道的土讚線山岳之間。

利用通過彎道時作用在車體上的離心力來讓車體傾斜。車體及台車必須要是特殊的構造。

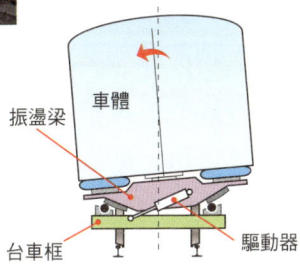

車體／振盪梁／台車框／驅動器

氣墊式

以JR北海道的柴油車（KIHA201系列）行駛的特急「SUPER宗谷」。行駛在鹽狩峠等連續彎道的區間。

讓左右氣墊高度有所落差來傾斜車體。車體傾斜角度比振盪式還要小，但可以控制製造成本。

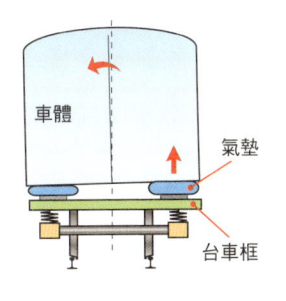

車體／氣墊／台車框

83

3-13 構造特殊的車輛②
雙層車廂、低底盤路面電車、DMV

在旅客車當中，有的車體或車輛構造很特殊。這裡就來舉出可以在日本看到的例子，介紹一下雙層車廂、低底盤路面電車、DMV吧。

提到構造特殊的代表範例，像是**雙層車廂**。雙層客車從第二次世界大戰前就在法國等地行駛了，但世界第一個雙層電車，則是1958年登場的近鐵特急車（1000系列・第一代瞭望車）。現在的日本不只是近鐵，像是首都圈的近郊列車或寢台特急「日出出雲・瀨戶」、新幹線都有雙層電車。寢台特急「CASSIOPEIA」是使用雙層客車。

路面電車中逐漸增加的**低底盤路面電車（低底盤LRV）**，也是構造特殊的例子之一。由於車體是承載於台車之上，一般來說車體的地板會比線路要高個約1m，但低底盤電車的話，會將地板降低到離軌道約30cm高之處，和站牌的月台落差就會縮小。這是為了讓老年人或利用輪椅者等容易上下車，只將台車部分的底盤升高，將車輪收納在座位下方等，讓底盤較低的部分面積擴大。

由JR北海道所開發的DMV**是能行駛在軌道或道路上的車輛**，設計成可以在短時間內切換鐵製車輪與橡膠輪胎。雖然可以消除巴士與列車的轉乘、探索新的需求，但在構造上的問題方面，由於車體無法大型化，因此每輛的人數上限較少等也是一個課題，正力求改善中。

第 3 章　鐵道車輛的構造

雙層車廂

可以在通勤電車或新幹線電車中看得到。照片是JR東日本的通勤電車（E231系列）的雙層綠色（頭等）車廂。是為了讓擁塞的綠色（頭等）座位增加數量而導入。

低底盤路面電車（低底盤LRV）

是為了讓上下車更容易，將車體底盤降低、縮小和月台段差的路面電車。圖片是在2009年開始營業的熊本市電0800型。

DMV

由JR北海道所開發的車輛，可以同時行駛在軌道及道路上。除了橡膠輪胎外還另外備有鐵製車輪，當行駛在道路上時、鐵製車輪就會往上方收納起來。

85

COLUMN.3

作為發電設備的電源車

在寢台列車當中,連結了被稱為**電源車**(應用在貨物車上)的列車。電源車是**將電氣供給至寢台車(客車)的車輛**,藉由車內的柴油發電機來發電,以使用在寢台車的照明或空調等上。在「北斗星」或「Twilight Express曙光號」的電源車當中,由於也有業務用的行李室,因此一般的乘客無法搭乘,但「CASSIOPEIA」的電源車備有展望室,和寢台車有通道相連,因此可以搭乘。

過去也有無電源車,只有兩輛列車連結行駛的客車之寢台列車。是**將小型的柴油發電機分散配置在一部分的客車地板下方,即使編制被分割、也有辦法供給電氣**。

現在的日本並沒有兩輛列車連結行駛的客車之寢台列車,但搭載了小型柴油發電機的客車,則是有使用在行駛青森〜札幌的急行「HAMANASU」或一部分的臨時列車上。

「北斗星」的電源車(上圖)雖無法搭乘,但「CASSIOPEIA」的電源車(下圖)的部分則是展望室。由於和寢台車有通道相連,所以可以搭乘

第4章

新幹線與高速鐵道

在本章中，
就來看看負責超高速旅客運送的
日本新幹線、海外的高速鐵道，
還有線性馬達是什麼吧。

國際高速列車「歐洲之星」（左）與第一代新幹線電車0系列

4-01 什麼是新幹線？
激發出全新可能性的高速鐵道

　　日本的新幹線是世界高速鐵道的先驅。至今半世紀前的1964年開業的東海道新幹線，從當時就開始以世界第一輛超過時速200km的列車行駛。之後，新幹線的網絡就不斷擴大，現在北從新青森站、南至鹿兒島中央站，只有新幹線可以移動。當初的最高時速是210km，現在有的可以高達320km。

　　那麼，什麼是新幹線呢？新幹線是**電車列車以高速行駛在與舊幹線獨立的軌道（標準軌的高速專用線）之鐵道系統**，法律上定義為「列車可在主要區間以每小時200km以上高速行駛的幹線鐵道」。

　　新幹線的誕生，不只是在原本由飛機獨霸一方的長距離高速運送中，成為鐵道參與其中的跳板，也讓**高速鐵道在全世界得以開始普及**。

　　現在不只在歐洲，鄰近日本的韓國與中國也都出現了高速鐵道，因此時速超過200km的列車已不特別稀奇，但日本的新幹線從海外的角度來看，似乎感覺很獨特。

　　例如在東京車站，東海道新幹線的列車最快每3分鐘就發車一次，抵達的列車在車輛整頓之後，最快12分鐘就會折返。**列車延遲的時間平均僅有0.6分（36秒）**。能讓這麼多的列車準時且安全行駛的高速鐵道，除了日本的新幹線別無其他。

第 **4** 章　新幹線與高速鐵道

新幹線的網絡（2013年7月的現在）

― 營業區間
⋯ 建設中區間
― 建設中區間（2012年開始動工）
― 迷你新幹線（舊幹線）

預定2015年底開業

北海道新幹線
札幌
新函館（暫名）
新青森
秋田　盛岡
秋田新幹線
新庄　東北新幹線
北陸(長野)新幹線　新潟
山形新幹線
福島
上越新幹線

預定2014年底開業

金澤　長野　大宮
高崎　東京
山陽新幹線
敦賀　名古屋
新大阪
東海道新幹線
博多
武雄溫泉　新鳥栖
長崎
諫早　九州新幹線（鹿兒島線）
鹿兒島中央

新幹線網絡是從1964年的東海道新幹線持續擴大。現在可搭新幹線從新青森站移動到鹿兒島中央站，共約2200km的距離。

東京站・東海道新幹線乘車處

抵達的列車經過整頓後，最短12分鐘就能折返。列車能準時行駛、技術得以那麼發達，許多工作人員的努力是一大主因。

89

4-02 全世界的高速列車
只行駛於舊幹線的高速列車

以時速200km以上行駛的高速車輛，是第二次世界大戰前由德國及法國所開發的，由於需要克服的課題非常多，因此一直無法實際執行。

戰後，新幹線在日本誕生了。當時的高速列車中，火車牽引的客車列車被視為是有利的，但**日本實現了將電車列車以時速200km來營業運行**。這件事給了歐洲鐵道一大影響，類似**法國TGV及德國ICE**的高速鐵道就此誕生，開始普及於全世界。法國及德國在當初，讓火車牽引的客車列車（pushpull方式）高速行駛，之後德國就讓電車（ICE3）也開始高速行駛了。法國也開發了高速列車用的電車AGV。

海外的高速鐵道，不一定都像是新幹線那種全區間是高速專用線。那是因為原本舊幹線的線形就很好（斜坡或彎道很平緩），即使不去特意塑造高速專用線，也能以時速200km行駛。例如在英國及美國，就存在著以時速200km以上行駛的舊幹線列車。TGV或ICE有時在郊外也會經由高速專用線，但在都市則是行駛舊幹線、駛入位於中心地帶的車站。

因此，要將高速鐵道如新幹線般明確定義是很困難的，若限定以時速250km以上行駛的列車，很多高速行駛舊幹線的列車就會被排除在外。因此在國際上，將最高時速250km以上的鐵道視為高速鐵道是很普遍的。

世界主要的高速列車（時速200km以上）

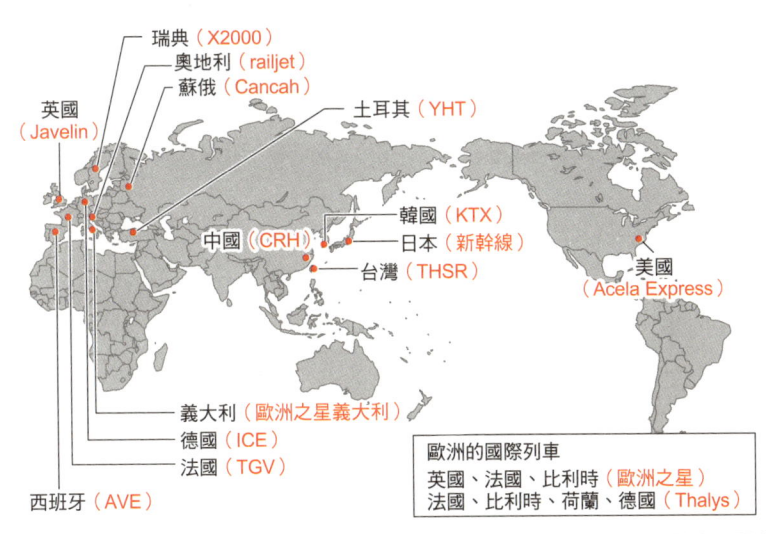

地圖標示：
- 瑞典（X2000）
- 奧地利（railjet）
- 蘇俄（Cancah）
- 土耳其（YHT）
- 英國（Javelin）
- 韓國（KTX）
- 中國（CRH）
- 日本（新幹線）
- 台灣（THSR）
- 美國（Acela Express）
- 義大利（歐洲之星義大利）
- 德國（ICE）
- 法國（TGV）
- 西班牙（AVE）

歐洲的國際列車
英國、法國、比利時（歐洲之星）
法國、比利時、荷蘭、德國（Thalys）

時速200km以上的列車，在全世界數個國家都可見到它的蹤影。也有在所有區間行駛舊幹線的列車，而最高時速250km以上的，只限於行駛高速專用線的列車。此時就不包括Acela Express、X2000、railjet、Javelin了。

法國TGV（1981年～）

是歐洲高速列車的先驅。也會行駛舊幹線或國外的鐵道。最高速度是時速320km。

德國ICE（1991年～）

不只是電氣機關車+客車，也是電車及柴油車。也有在法國等海外行駛。

台灣THSR（2007年～）

日本最先將新幹線技術輸出的國家。電車(700T)是以日本700系列為藍圖。

中國CRH（2007年～）

網絡急速擴大。是從數個國家輸入技術的。如上圖，也有以日本E2系列為藍圖的電車在行駛。

4-03 為何新幹線的「門面」很奇怪？
適應日本特殊地形的先頭車形狀

可稱得上是新幹線電車「門面」的先頭車部分，傾斜部分是前後較長，呈現出柔和的流線型。這並非只是為了減少比速度多上兩倍的空氣抵抗性，也是**為了要讓在隧道中產生的噪音減小之故**。

當高速行駛的列車進入隧道，空氣會在隧道內部被急速擠壓並產生壓縮波，比列車更快速地朝向隧道出口傳遞。一到達出口，因隧道屏障消失、壓力突然下降，就會產生衝擊波，發出像是射擊大砲般的轟隆聲響。這個現象叫作隧道**微氣壓波**或是**隧道聲爆**，在較長的隧道中容易產生，列車速度愈快，聲音似乎就會愈大。

這個聲音會造成沿線的噪音，必須要將它縮小。方法之一就是改變新幹線電車的先頭車形狀，因此1992年開始營運的300系列，突然變更了「門面」。最近的新幹線電車「門面」之所以前後較長，是為了要讓**先頭車部位的斷層面積慢慢變化，勿使之在隧道中急速擠壓空氣**。只不過，若把「門面」弄得過長，先頭車車內空間就會變得狹窄，就必須要像500系列一樣省略門廊，因此在N700系列等就會把它做成3D的複雜形狀，讓它呈現出和狹長「門面」一樣的效果。

法國的TGV及德國的ICE車輛，都是先頭車部位呈現流線型，但形狀並不像日本的新幹線電車那麼複雜。原因就是歐洲的高速鐵道，較少有容易產生隧道微氣壓波的冗長型隧道之故。

第 4 章　新幹線與高速鐵道

行駛山陽新幹線的0系列

山陽新幹線在空曠冗長的隧道出入口，被觀測到會有轟隆聲響，形成噪音。要將聲音縮小、提升列車的最高速度，改變先頭車的「門面」是必要的。

隧道微氣壓波

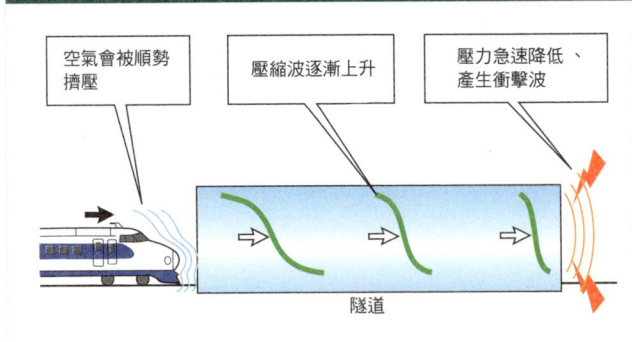

空氣會被順勢擠壓

壓縮波逐漸上升

壓力急速降低、產生衝擊波

隧道

當列車以高速進入隧道，空氣就會在內部被急速擠壓、產生壓縮波。壓縮波會比列車先抵達出口，壓力急速下降而發出轟隆聲響。

將門面變大的300系列

為了抑制隧道微氣壓波的產生，剖面面積會從前端往後方逐漸緩慢地變化，讓空氣在隧道內不要被急速擠壓。

93

4-04 新幹線高速化的障礙是噪音？
安靜行駛的技術

　　從2013年3月起，東北新幹線以時速320km開始營運。自1997年3月在山陽新幹線以時速300km開始營運16年以來，新幹線的營業最高速度終於提升了。

　　為何提升速度需要這麼多的時間呢？那是因為**在提升速度的同時，還要將行駛時的噪音減少是很困難的事**。

　　新幹線有一個關於噪音的嚴格基準。因為在開業時的東海道新幹線，沿線的噪音發展成為了訴訟案件之故。行駛時產生的噪音主要是來自於縮放儀、車輛、高架橋等建築物。為了將聲音縮小，便改良了縮放儀的結構、在線路上設置隔音牆、將車輛輕量化來縮小對建築物的衝擊等，但提升速度之後，還是會有變大的噪音，其一就是**風切的聲音**。

　　當強風一吹襲，有時屋外的電線就會發出咻咻聲響，那就是風切的聲音。風切的聲音會是風速的6～8倍。舊幹線的問題不大，但在高速行駛的新幹線則是會產生問題，只要**速度稍微提升就會變大**。因此，就會減少車輛的凹凸面，儘量壓抑風切的聲音。

　　以時速320km行駛的E5系列或E6系列，是採用前後較長的先頭車形狀或是改良的縮放儀，從車體來減少其凹凸面，或用套子來覆蓋住台車，讓聲音不易外流。

第 4 章　新幹線與高速鐵道

聲音不易外流的縮放儀

E2系列前方的縮放儀。設計成不易讓架線與滑板摩擦的聲音、風切聲不易外流的構造。

500系列新幹線電車

山陽新幹線行駛時速300km的車輛。採用車鼻較長的先頭車形狀,讓車體表面平滑等來進行噪音對策,並通過嚴格的環境基準。

4-05 迷你新幹線並非新幹線？
行駛舊幹線的特殊列車

被稱為新幹線的列車當中，有一個像山形新幹線及秋田新幹線一樣行駛在舊幹線上的「**迷你新幹線**」。迷你新幹線在法律上是被排除於新幹線的定義之外，但由於也有行駛東北新幹線、停靠東京車站，因此在車站內的導覽方面，也被視為是「新幹線」的同類。另外，非迷你新幹線的正式新幹線，也被叫作「**全規格新幹線**」。

迷你新幹線是為了解決**列車轉乘問題**，而將新幹線與舊幹線的**直接轉運可能化**。使用的電車為了要配合行駛的舊幹線之車輛界限，車輛剖面比新幹線電車還要小，但**台車則是有對應新幹線的軌距**。

所謂地軌距，是線路中左右軌道的間隔，新幹線是標準軌（1.435mm）、舊幹線是狹軌（1.067mm），而迷你新幹線的列車行駛的舊幹線區間軌距，為了要讓一樣的台車都能夠行駛，因此和新幹線一樣都是標準軌。因此，改變舊幹線軌距（改軌）的工程是必要的，但由於可以直接利用既有的車站或隧道、橋梁等設備，因此比起重新打造全規格新幹線，**只要花費十分之一（以山形新幹線來說）的費用就能解決**，是其優點之一。

迷你新幹線的列車，基本上是在東北新幹線和其他列車相連結而行駛的。這是為了要少停靠東京站的列車數之故，試圖減緩和上越・長野（北陸）新幹線的列車路線重覆的東京～大宮間的擁塞情況。在與東北新幹線分岐點的福島站或盛岡站，都有進行列車的分離或連結作業（分割與合併）。

第 **4** 章　新幹線與高速鐵道

通過平交道的山形新幹線「羽翼」

由於是將原本狹軌的舊幹線（奧羽本線）改成標準軌的區間，因此也會行經新幹線不會有的平交道。

入口

圖片是福島站一帶。內側的高架橋是東北新幹線，前方的地平線軌道是奧羽本線（舊幹線），是單線的軌道連結起來。

列車的連結（福島站）

先抵達的東北新幹線北上列車「山彥」（前方）會接近山形新幹線北上列車「羽翼」而連結。

97

4-06 開發中的可變軌距列車
不需改軌工程就可行駛舊幹線的車輛

「迷你新幹線」比「全規格新幹線」可以用較少的投資解決轉乘問題及縮短需要時間,但列車停靠的舊幹線區間之改軌工程是很費時的,因此免不了長時間的暫停營運,會造成不便。因此現在便開發了**可變軌距列車,作為不需改軌工程就可直接行駛新幹線與舊幹線的車輛。**

在日本開發的可變軌距列車,是以**結構特殊的台車支撐車體的電車**。可變軌距列車的構造是行經放置在軌距不同的線路交界處之軌距變換裝置之後,左右車輪的間隔就會改變,因此**可同時行駛新幹線(標準軌)與舊幹線(狹軌)**。在軌距變換裝置以外之處,左右的車輪是以制動器來固定車軸的,因此行駛中的車輪間隔不會改變。為了朝向實用化,現在實驗車則是不斷地進行行駛試驗。

類似的車輛,已經在西班牙實現了。西班牙的國鐵大部分是寬軌(1668mm),列車無法行駛鄰近國法國等的標準軌鐵道,因此可變軌距列車比日本還更早實現,在1968年就開始行駛了(Talgo III-RD)。之後建造了標準軌的高速專用線,直通舊幹線與高速專用線,因此2006年可變軌距列車就開始運行了。

在日本,可變軌距列車的實現要比西班牙還要慢,是因為要開發對應狹軌的可變軌距列車很困難、以及行駛新幹線時的噪音對策等,還有一些日本獨有的技術性課題需要克服之故。

第 **4** 章　新幹線與高速鐵道

可變軌距列車

在四國的JR予讚線進行行駛試驗的可變軌距列車之第二次實驗車。作為實現標準軌的新幹線與狹軌的舊幹線之直通轉運車輛，很令人期待。

可變軌距列車的結構

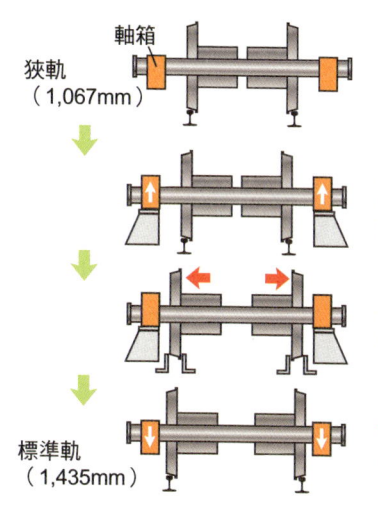

狹軌
（1,067mm）

軸箱

支撐車軸的軸箱一般都是鎖上的、不會左右移動

藉由支撐軸箱的軌道讓軸箱往上抬起、鎖頭就會鬆脫

沿著引導軌道，車輪的幅度會愈來愈大

標準軌
（1,435mm）

軸箱往下沉，又會再度鎖上

一觸碰到設置於不同線路交界處的變換裝置，台車的制動裝置會鬆脫，左右車輪間隔就會改變。通過變換裝置之後，制動裝置就又會鎖上，因此車輪的間隔在行駛時並不會改變。

99

4-07 增加了第 1 列車的輸送力
雙層新幹線電車

在JR東日本的新幹線電車中，有一個叫作「Max」，所有車輛都是**雙層的雙層新幹電車**。Max是Multi Amenity Express的簡稱，也是意味著最上限的「maximum」簡稱的暱稱。

Max包括了初代的E1系列（共有12輛編制、上限人數為1235名）、第二代的E4系列（共有8輛編制、上限人數為817名）。連結了兩列E4系列16輛編制，上限人數為1634名，在高速列車中是世界最大規模的。東海道‧山陽新幹線的「NOZOMI」（N700系列共16輛編制），上限人數為1323名，相當於其1.2倍以上。

Max之所以必要，是因為**東北‧上越新幹線輸送力的不足**。尤其在1980年代後半的泡沫時期，由於東京都的地價高漲，來自郊區在東京搭乘新幹線上下班的人逐漸增加，讓擁塞程度愈來愈嚴重。然而可以在東京站行駛的列車數有限，而要讓列車班次的增加又很困難，因此便開發雙層的Max，增加每一列車的座位數，試去緩和擁塞狀況。現在，Max置換成平房構造的新型電車，E1系列在2012年便退休，剩下的E4系列預定在不久後也要退休。

在跟Max很相像的海外高速車輛當中，包括了法國的TGV Duplex。它是共有10輛編制，前後兩端（2輛）是火車，中間8輛是雙層構造的客車。人數上限是516名，雖沒有Max那麼多，但有過去10輛編制（TGV Sud-Est）人數上限的1.4倍以上。

第 4 章　新幹線與高速鐵道

JR東日本・E4系列

是有8輛編制的雙層新幹線電車。連結兩列的16輛編制之上限人數是1323名，在高速用車輛中是世界最多的。最高速度是時速240km。

法國國鐵 TGV Duplex

是在前後兩端連結2輛電氣機關車的10輛編制，中間的8輛客車是雙層構造。1輛編制的上限人數是516名，連結2輛的話是1032名。最高時速是320km。

4-08 Dr. Yellow
能邊行駛邊為路線做健康檢查的電車

在東海道‧山陽新幹線當中，有一種將車體塗成黃色、暱稱叫作「Dr. Yellow」的電車（現在的編制為7輛）。這是一般人無法搭乘的事業用車輛，大概十天會行駛一次。

Dr. Yellow的正式名稱是**新幹線電氣軌道綜合實驗車，可以以和營業列車同樣的速度行駛、邊確認軌道的歪斜度及架線等電氣設備、信號設備的狀態**。就像可一邊行駛一邊做線路健康檢查的醫生一樣。由於所獲得的資料，會反映在於營業列車不會行駛的深夜進行的線路維修作業上，因此線路才能經常保持安全、乘坐舒適的狀態。

在新幹線以外的鐵道，作業員會親自步行等來確認線路是否有異常，因此不一定要有像Dr. Yellow這種車輛存在，但新幹線就無法進行同樣的確認作業了。那是因為為了安全起見，營業列車在行駛的時間當中，作業員被禁止進入線路之故。因此，為了不要影響營業列車，檢查線路狀態的Dr. Yellow是必要的。

JR東日本的新幹線在過去，也有Dr. Yellow在行駛，而現在則是也行駛「迷你新幹線」的舊幹線區間、被稱為「East eye」的車輛在行駛。在由JR九州所營運的九州新幹線當中，並不存在像Dr. Yellow這種新幹線電氣軌道綜合實驗車，但會在一部分的營業用車輛當中追加和Dr. Yellow一樣的機能，檢查線路的狀態。

Dr. Yellow（T4編制）

JR東海的新幹線電氣軌道綜合實驗車。共有7輛編制，車內配置了各種測定裝置。十天會行駛一次東海道新幹線。

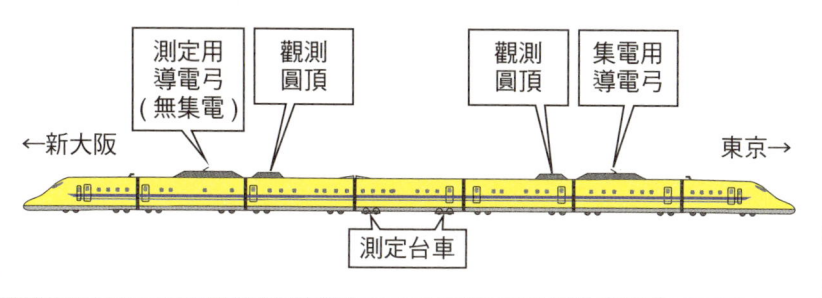

測定用導電弓（無集電）｜觀測圓頂｜觀測圓頂｜集電用導電弓

←新大阪　　　東京→

測定台車

East eye

JR東日本的新幹線電氣軌道綜合實驗車。不只是東北・上越・北陸（長野）新幹線，迷你新幹線也能駛入（山形・秋田新幹線）。

4-09 冬天也要讓列車安全行駛
新幹線的耐寒耐雪對策

對新幹線來說，雪就是大敵。由於運轉速度快，會發生舊幹線不易發生的積雪問題。例如，附著在車體上的雪，行駛時會掉落，將線路上的小碎石彈開，或因強風凍結飛散，因此有時車窗或車體底盤的機器會被小石子或凍結了的雪給碰撞而損壞。

由於剛開業時的東海道新幹線對積雪的對策並不完善，因此在降雪量多的關之原附近（岐阜羽島～米原間）就經常發生積雪問題。現在在近70km的區間有設置噴頭，將水（時雨量5mm）灑在線路上來濡溼積雪，**防止在列車通過時，飛濺的積雪會附著在車體上來作為對策**，因此受到積雪影響而造成列車的停駛狀況便減少了。

JR東日本的新幹線由於會行經寒冷地帶，因此有強化東海道新幹線以上的耐寒耐雪對策，在冬天也不易受到天候的影響。例如，由於上越新幹線從越後湯澤到長岡之間是積雪深度超過1公尺、世界上少數的豪大雪地帶，因此會使用噴頭將溫水大量灑下（時雨量42mm），**保持線路上不要有積雪的狀態**。在其他的區間，是採用囤積積雪的儲雪式高架橋，或鋪設防止小石頭彈跳的地墊，又或者是吹拂溫熱風來讓軌道活動的分歧器不要結凍。另外也有像越後湯澤站或八戶站一樣，**以車頂完全包覆住整個月台樓梯、讓雪不要積在月台或線路上的車站**。也有強化電車的耐寒耐雪對策，就是在先頭車的下方裝設除去線路上積雪的剷雪器。

第 4 章　新幹線與高速鐵道

東海道新幹線米原站

在高海拔的關之原附近的約70km的區間，由於降雪量多，因此有設置剷雪器，灑水來讓雪濡溼，讓列車在通過時不要被風吹散，防止雪附著在車輛上。

上越新幹線越後湯澤站附近

世界上少數的大豪雪地帶。通過地平的上越線線路（左）雖有積雪，但通過高架橋上方的上越新幹線線路（右）是藉由剷雪器來保持無雪的狀態。

4-10 懸浮並且能更快速行駛
線性馬達驅動與磁浮式鐵道

對鐵道來說，高速化是一大課題，但藉由黏著驅動的高速化是有極限的。那是因為以妨礙車輛前進的行駛抵抗之速度，和來自黏著驅動的牽引力相抗衡之後，就無法再行駛更快的速度之故。這裡所說的行駛抵抗，幾乎是指比速度多上兩倍的空氣抵抗。另外，鐵製車輪若以高速在鐵軌上轉動，行駛就會變得不穩定，有時還會出軌。

要徹底解決以上問題，有包括黏著驅動以外的前進方法、以及車輛在懸浮的狀態下行駛的懸浮式軌道。在1960年代的法國及英國，就已經想到以空氣使其懸浮的空氣懸浮式鐵道。而前進方法有想過噴射推進或是螺旋槳推進，但最後都無疾而終。

在20世紀初的德國，想到了靠磁氣讓車輛懸浮，以**線性馬達驅動來推進的磁浮鐵道**。所謂的線性馬達，就是迴轉軸將進行迴轉運動的馬達展開來、然後讓它直線運動的工具，若應用在鐵道上，磁鐵之間就會藉由吸引及排斥的力量，讓車輛前後移動。由於可以不倚賴車輛與軌道之間產生的摩擦來推進，因此也可以實現原本靠黏著驅動很困難的急速加速或爬行陡坡，還有黏著驅動無法達成的高速化。

因為這樣的理由，1960年代在德國及日本，終於讓磁浮式鐵道正式登場。從其衍生出來的其中一種鐵道，就是超過時速500km、以營業用為目標的**超電導磁浮式鐵道（超電導線性）**。

第 **4** 章　新幹線與高速鐵道

線性馬達驅動

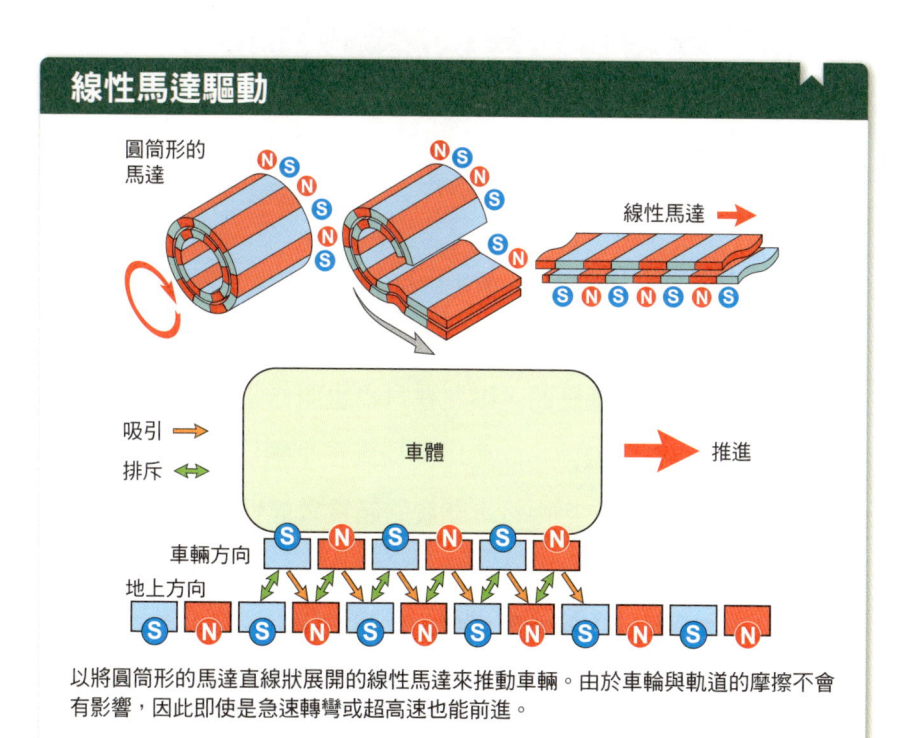

圓筒形的馬達

線性馬達

吸引
排斥

車體

推進

車輛方向
地上方向

以將圓筒形的馬達直線狀展開的線性馬達來推動車輛。由於車輪與軌道的摩擦不會有影響，因此即使是急速轉彎或超高速也能前進。

磁浮式鐵道

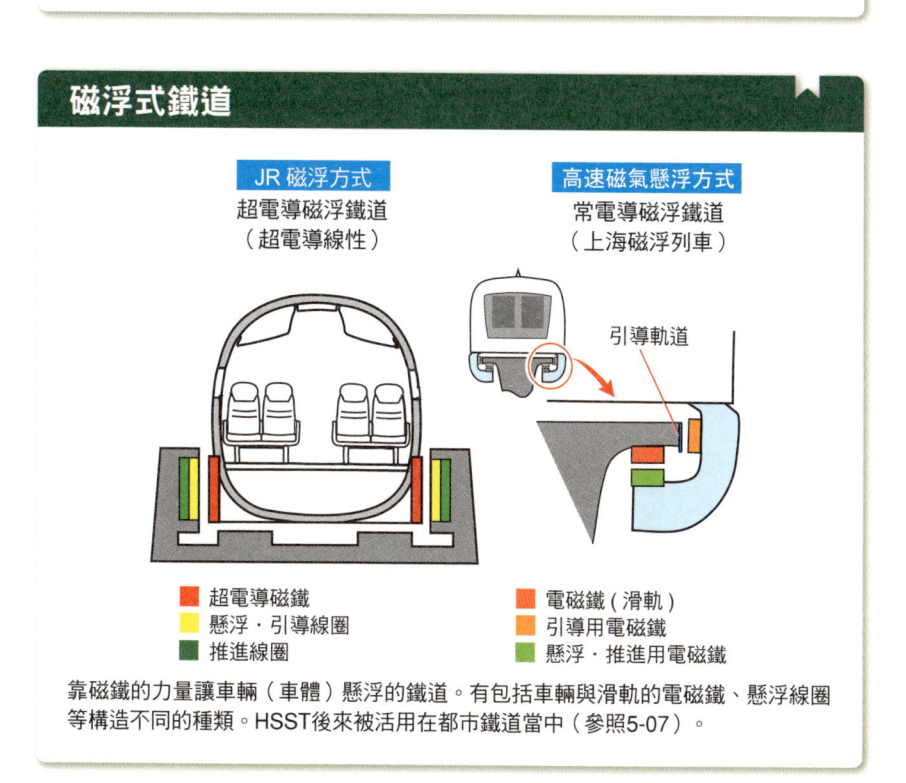

JR 磁浮方式
超電導磁浮鐵道
（超電導線性）

高速磁氣懸浮方式
常電導磁浮鐵道
（上海磁浮列車）

引導軌道

■ 超電導磁鐵
■ 懸浮・引導線圈
■ 推進線圈

■ 電磁鐵（滑軌）
■ 引導用電磁鐵
■ 懸浮・推進用電磁鐵

靠磁鐵的力量讓車輛（車體）懸浮的鐵道。有包括車輛與滑軌的電磁鐵、懸浮線圈等構造不同的種類。HSST後來被活用在都市鐵道當中（參照5-07）。

107

4-11 超電導線性與高速磁懸浮列車
可行駛時速400km以上的鐵道

磁浮式鐵道在海外被叫作「Maglev」，是「磁浮」的英語（Magnetic Levitation）簡稱。實用化之後，現在開發中的磁浮式鐵道是藉由線性馬達來驅動的，因此在日本也叫作「線性馬達車」，不過這句話並沒有「磁浮」的意思。提到在車輛已超過時速400km行駛的磁浮鐵道，有包括由日本開發的**超電導線性**與由德國開發的**高速磁氣懸浮鐵道**。

超電導線性是使用**超電導磁鐵**的磁浮式鐵道。超電導磁鐵是利用了以極低溫讓電氣抵抗歸零的現象（超電導現象）之電磁鐵，磁場會比一般的電磁鐵（常電導磁鐵）還要強。超電導線性是使用滑軌左右兩側的懸浮線圈、與車輛台車上的超電導磁鐵，讓車輛在高速行駛時可懸浮約10cm。**由於會高高地懸浮，因此即使在地震頻繁的日本，車輛和滑軌接觸的危險性也很低。**2003年樹立了鐵道的世界最快紀錄（時速581km），預定導入於中央新幹線。只要實現了時速505km，預計東京到大阪之間只要花費67分鐘。

高速磁氣懸浮鐵道是使用了**常電導磁鐵**（一般的電磁鐵）的磁浮鐵道。2002年在中國上海得以實用化，在營業用鐵道上以世界最快速的時速430km來運行。讓車體懸浮的高度大約8mm，不到超電導線性的十分之一。由於沒有使用冷卻裝置中所必要的超電導磁鐵，具有車輛及設備費用比超電導線性還要便宜等的優點。

日本JR磁浮列車（超電導線性）

由日本開發的方式。藉由產生強大磁場的超電導磁鐵來讓車體懸約10cm，以超高速來行駛。預定導入連結東京～大阪之間的中央新幹線。圖片是山梨實驗線。

德國高速磁氣懸浮鐵道（中國上海磁浮列車）

雖是由德國開發的方式，但在中國被實現。是以常電導磁鐵（一般的電磁鐵）來讓車體懸浮約8mm來行駛。最高時速是430km，以營業用鐵道來說是世界最快速的。

COLUMN.4

黏著驅動的鐵道最快的程度

在磁浮式鐵道開發進入正式化的1960年代，黏著驅動要以時速400km以上來行駛很困難，但目前為止，依然存在著於行駛實驗中以時速400km行駛的紀錄。

JR東海的實驗車（300X）是在1996年，以時速443km行駛東海道新幹線的米原～京都之間。

在2007年的法國，TGV的特別編制以高速專用線更新了時速574.8km的紀錄。這是黏著驅動鐵道的世界最快紀錄，直逼日本超電導線性樹立的鐵道世界最快紀錄（時速581km）。

只不過，這只是行駛實驗。**要提升每天進行的營運最高速度，並非那麼簡單**。原因就在不只是確保行駛安全性，還有釐清噪音對策等許多課題也是必要的。

以時速443km行駛東海道新幹線的實驗車(300X)。這個紀錄除了超電導線性之外，至今還是國內最快速的。圖片是線性·鐵道館的展示車輛。

第 5 章

都市與山岳
的鐵道

建築物密集的都市或起伏劇烈的山岳，
原本就是鐵道不易通行的地方，
那麼是如何鋪設線路的呢？
來看看國內外的例子吧。

瑞士少女峰鐵路

5-01 都市的鐵道①
高架鐵道與地下鐵的誕生

　　在人口集中的都市的交通，可以進行大量旅客運送的**都市鐵道**是不可或缺的。都市鐵道是源自於紐約的馬車鐵道。馬車鐵道是馬車行駛在鋪有線路的道路之路面鐵道。原因是在道路上鋪設線路，在建築物密集的都市要重新規劃鐵道用地是很困難的事。而馬車鐵道之後就變成了路面電車。

　　隨著都市化的發展、使用者增加，都市鐵道便有了輸送力的需求，但若讓連結了數個車輛的列車行駛在路面上，就會影響道路交通。於是紐約從1870年代開始，建設了**高架鐵道**。藉由**在道路上建設高架橋、在上方通行列車，讓汽車與列車的行經路線做立體式的切割**。

　　而在倫敦則是在道路下方建設隧道，讓列車行駛其中。當時是在德國電車誕生之前，因此蒸汽機關車所牽引客車列車便行駛於地底下。這就是世界第一個地下鐵道（地下鐵），在距今150年前的1863年開業。這個地下鐵是以連結位於遠處的終點站為目的，其便利性深受矚目，**全世界大都市的地下鐵就此發展起來**。

　　另一方面在紐約，由於高架鐵道的普及，不只道路的日照情況或都市景觀惡化，車輛往來於鋼製高架橋的聲響也成了沿線的噪音。因此進入20世紀之後，高架鐵道就被地下鐵給取代，擁有鬧區的曼哈頓市區，高架鐵道幾乎都消聲匿跡。東京吸取了歐美曾經的錯誤經驗，因而導入了地下鐵。

第 5 章　都市與山岳的鐵道

使用道路用地的都市鐵道

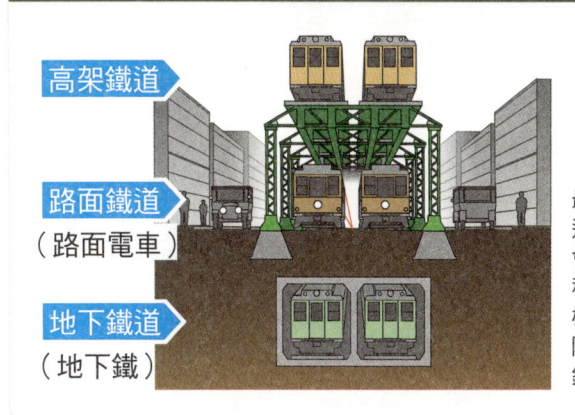

高架鐵道

路面鐵道
（路面電車）

地下鐵道
（地下鐵）

最初的都市鐵道是路面鐵道。當道路嚴重塞車，就會全面性的使用道路面積，於是誕生了行經高架橋的高架鐵道與行經地下隧道的地下鐵道（地下鐵）。

地下鐵在倫敦誕生

距今150年前的1863年，世界第一座地下鐵開始運行了。連結了散布在都市圈的終點站。由於當時並沒有電氣運行的技術，因此蒸汽機關車牽引的客車列車會行經隧道。

紐約的高架鐵道

從1870年代起，列車就行駛在鋼製的高架橋上方。雖然建設費比地下鐵還便宜，但沿線發出的噪音及讓都市景觀惡化都成為了問題，之後就被地下鐵取代。圖片是紐約交通博物館的展示物。

5-02 都市的鐵道②
日本的高架鐵道與地下鐵

　　東京的日本第一座地下鐵（現在的東京METRO銀座線・淺草～上野之間），是在距今80年以上的1927年開始運行。由於當時日本的技術尚未成熟，因此在參考倫敦、紐約、柏林等地下鐵之後，學習美國的隧道建設，導入了電車及信號系統等技術。

　　之後，大阪建設了地下鐵，戰後在名古屋、札幌及橫濱等地也陸續建設。東京的地下鐵也擴大了網絡並發展，目前和東京METRO都營地下鐵總計一天的利用人數為785萬人（2009年度）。**這個地下鐵使用者數以一級城市來說，是全世界最多的。**

　　日本的都市不只是地下鐵，也導入了高架鐵道。提到歷史悠久的代表例，像是JR山手線等會行經的新橋～上野之間。這是為了連結相隔遙遠的兩個終站（新橋站與上野站）而在明治時代所建設，是以在柏林建設的磚造高架鐵道為模型。

　　除此之外，高架鐵道在日本的都市比比皆是，但並非是像紐約的高架鐵道般是鋼製的，**大多是使用不易有聲響的水泥製高架橋。**單軌或新交通系統也有很多高架橋，但都會用心設計成行駛時的噪音不易傳達到沿線上，或避免讓都市景觀惡化。另外像新幹線的高架橋一樣，設置隔音牆來讓聲音不易擴散的例子也很多。

　　現在的東京，是全世界都市鐵道特別領先發達的都市。只要和海外的主要都市鐵道路線圖相比，就會很清楚了。

第 5 章　都市與山岳的鐵道

日本最初的地下鐵電車

1927年開業的東京地下鐵道初代電車（1000型）。仿效柏林的地下鐵，將車體塗成黃色。當時有許多技術都是學習自海外，像是隧道建設方法是以紐約地下鐵為藍圖。

日本初期的高架鐵道

連結新橋～上野之間的高架鐵道。現在會有山手線、京濱東北線、東海道本線行經，圍欄下方則是眾所皆知的美食街。範本是柏林的高架鐵道。

115

5-03 都市的鐵道③
日本與海外的都市鐵道

　　日本與海外的都市鐵道有許多不同之處。例如在東京，有環繞市區地面上一周的JR山手線，連結位於遙遠之處的終點站。JR山手線的內側有13個路線的地下鐵通行，外側則是行經地面的JR及私鐵連結著市區與郊區。也有進行地下鐵與JR或私鐵的列車相互行駛的相互直接運行。

　　觀察海外，會發現擁有和東京一樣的都市鐵道網的都市很少。**都市裡有很多像JR山手線那樣行經人口密集地的地上鐵道，是很難得一見的。**

　　在倫敦，會有數個終點站和東京一樣散布在市區，但由於比東京更早都市化，因此無法在地面上建設連結終點站之間的鐵道。因此，便建設了像JR山手線一樣環繞市區一周的地下鐵。而其中一部分是世界上最初開業的地下鐵。

　　在中國上海，由於人口雖多，但都市鐵道的整頓比東京還緩慢，因此近年來便急速地整頓了地下鐵。由於上海的地下鐵地上區間很多，也許可以說它就像是連結東京地下鐵與JR、私鐵那樣的鐵道。

　　在東京的地下鐵當中，每個路線都有不同種類的電車在行駛，但在**海外的地下鐵當中，大多是同樣種類的電車行駛在不同的路線上。**那是因為在東京的地下鐵當中，由於需相互直通運行，因此每個路線都必須要變更規格，無法讓同一種類的電車行駛。即使是線路連結的路線，也有對應的列車無線或信號系統種類不同的電車在行駛。

第 5 章　都市與山岳的鐵道

連結終點站的環狀線

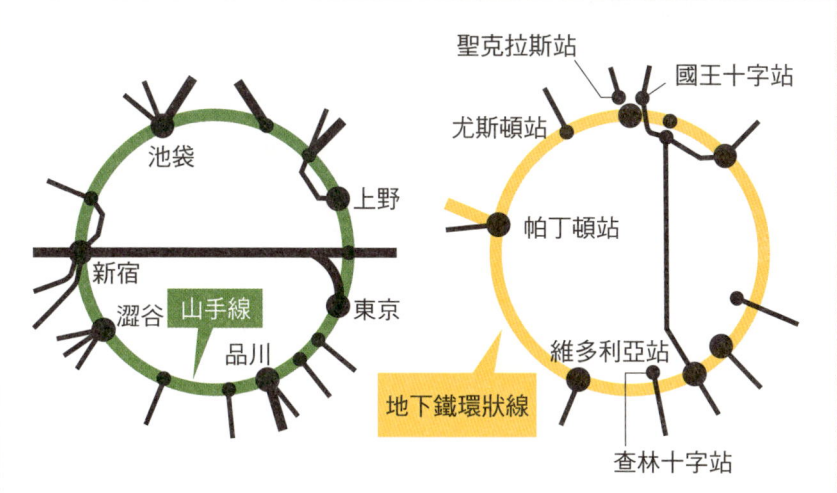

東京（日本）

池袋、上野、新宿、澀谷、品川、東京　山手線

倫敦（英國）

聖克拉斯站、國王十字站、尤斯頓站、帕丁頓站、維多利亞站、查林十字站　地下鐵環狀線

以各個中心地為一周、連結主要的終點站。行經地下的環狀運行始祖是1884年的倫敦地下鐵環狀線，行經地上的是1925年的山手線。

倫敦‧地下鐵環狀線

在倫敦市區進行環狀線行駛的地下鐵道。連結散布在市區的終點站。圖片是世界最古老地下鐵車站貝克街車站。還保留了開業當時的身影。

117

5-04 都市的鐵道④
地下鐵的問題與中規模輸送的鐵道

　　地下鐵因為是比路面電車更快速舒適的交通工具而受到矚目，雖然世界上有150個以上的都市都有建設，但卻存在著一個大問題，那就是**建設費用很高**。

　　例如在日本2000年以後的地下鐵建設費，幾乎是每1km就要花費200億日元以上，也有像京都市營地下鐵東西線一樣，每1km超過300億日元的例子。如果運送需求有符合這樣的建設費就沒有問題，但運送需求太小的話，地下鐵的營運就會變得困難。可是，要改善嚴重的都市道路擁塞問題，都市鐵道的整頓是必要的，因此便宜建設地下鐵的方法、地下鐵以外的新型態都市鐵道等方案都被討論過。

　　想要便宜建設地下鐵的方法，主要有兩個。一個是**將電車或隧道剖面縮小，減少搬運的砂石或必要建材量的方法**。另一個是**對應急彎道或急坡道來擴大軌道的自由度，縮短距離的方法**。像是名古屋導入剖面較小的電車，札幌導入對應急彎道的橡膠輪胎電車，大阪等都市導入叫作「直線地鐵」的小型地下鐵，都是這個原因。在海外，就像倫敦被叫作「管子」的地下鐵一樣，也有將電車剖面弄成半圓形、將隧道剖面縮小的例子。

　　地下鐵以外的新型鐵道，是比地下鐵及一般鐵道，將運送規模縮小並縮小設施規模的鐵道。負責超過巴士、但不及地下鐵的中規模運送之都市單軌，新交通系統的LRT等就是這一類。

第 5 章　都市與山岳的鐵道

名古屋市營地下鐵100型

是名古屋市營地下鐵的初代電車，是1957年開始營業的。為節省建設費用而變車體剖面小的電車。車體的黃色，之後就成為東山線的線路顏色。

倫敦的地下鐵「管子」

隧道剖面比日本的地下鐵還要小。電車的剖面也要配合隧道的剖面，因此車頂及車門都是大幅度地彎曲。

5-05 都市的鐵道⑤
橡膠輪胎式地下鐵

提到世界的地下鐵，**有些都市也有橡膠輪胎的電車在行駛。**其代表範例就是巴黎和札幌。這兩個都市的地下鐵，行駛系統是不一樣的。

巴黎有兩種地下鐵，包括只行駛市區的「METRO」和連結市區與郊區的「RER」（急行地下鐵）。橡膠輪胎車輪電車行駛的只有METRO，而1900年開業當時，則是鐵製車輪的電車在行駛。由於車站之間平均是300m，和路面電車一樣短，因此為了可以在短時間內加速及減速，之後都會讓橡膠輪胎車輪的電車來行駛。不過，這個電車的車軸不是只有橡膠輪胎車輪，也附有鐵製車輪，**當橡膠胎車輪爆胎的時候，鐵製車輪就會支撐住車體。**以線路來說，不是只有橡膠車輪運轉的行駛路線與鐵製車輪運轉的鐵軌，引導車輛的引導軌道就在左右兩側，因此構造很複雜。

札幌的地下鐵，不只是縮短加速與減速的時間，為了對應急彎道、減少噪音等，因而導入了橡膠車輪的電車。為了讓線路構造簡單化，**電車是只靠橡膠車輪就能支撐車體的構造**，並沒有附上鐵製車輪。當橡膠車輪爆胎的時候，其他橡膠車輪或輔助車輪就會支撐車體。

橡膠車輪的電車，被認為有可能解決鐵製車輪的電車驅動或噪音問題，但鐵製車輪電車的行駛性能提升、行駛噪音也縮小的現在，將橡膠車輪電車導入地下鐵的優點愈來愈少了。

第 5 章　都市與山岳的鐵道

橡膠輪胎式地下鐵

巴黎方式

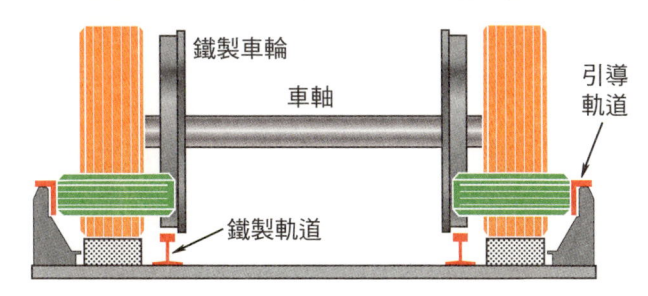

鐵製車輪
車軸
引導軌道
鐵製軌道

札幌方式
（圖為南北線）

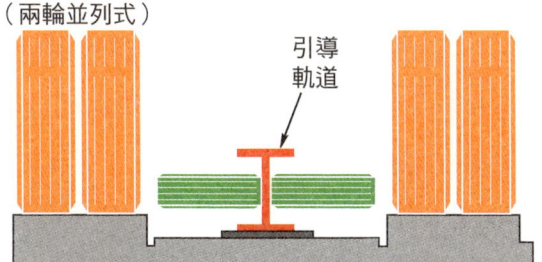

行駛車輪
（兩輪並列式）
引導軌道

■ 行駛車輪
■ 引導車輪
■ 軌道

巴黎方式

台車的車軸有包括橡膠胎車輪與鐵製車輪，當橡膠胎車輪爆胎，鐵製車輪就會在鐵製軌道上轉動、支撐車體。軌道也有引導軌道，構造很複雜。

札幌方式（南北線）

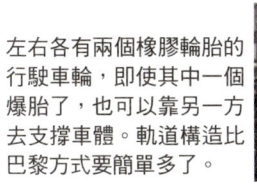

左右各有兩個橡膠輪胎的行駛車輪，即使其中一個爆胎了，也可以靠另一方去支撐車體。軌道構造比巴黎方式要簡單多了。

121

5-06 都市的鐵道⑥
都市單軌與新交通系統

在日本從1960年代起的**都市單軌**，從1980年代起就正式地導入了**新交通系統**，作為負責中規模運輸的都市鐵道。日本的都市單軌，主要有**跨座式**與**懸垂式**。跨座式是車輛懸垂軌道行駛的類型，例如千葉都市單軌或是湘單軌等，都是使用橡膠胎車輪，因此可以對應急彎道。高架橋等占有的面積小，具有在用地收購困難的都市圈容易建造等特色，但也有在緊急時刻車輛不易避難等的缺點。

新交通系統在廣義來說，是指和既有鐵道構造不同的新鐵道，包括後述的HSST（常電導磁浮式線性）及導軌公車，而**一般來說，是指被稱為AGT（新交通系統）的橡膠輪胎車輪的電車所行駛的鐵道**。日本新交通系統的構造，是和支撐車輪分別存在的引導車輪去接觸軌道，然後引導車輛的前進。在所有車站都會設置月台匣門，除了琦玉新都市交通以外，都是無人駕駛的。由於導軌算是避難路線，因此具有比都市單軌還容易避難的特色。法國開發了類似日本AGT的VAL（迷你地下）來作為新交通系統。VAL不只是法國國內，義大利、台灣、韓國也都有導入。

第 **5** 章　都市與山岳的鐵道

都市單軌

跨座式

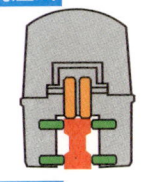

懸垂式

■ 行駛車輪
■ 引導車輪
■ 軌道

東京單軌（跨座式）

是連結東京都心(濱松町)與羽田空港的空港快捷鐵道。幾乎都是高架區間，但羽田空港附近是列車行駛在地下。有日本的單軌且唯一的快速列車行駛。

新交通系統（AGT）

側邊導軌式

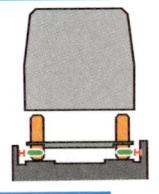

中央導軌式

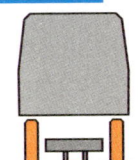

■ 行駛車輪
■ 引導車輪
■ 軌道

小百合海鷗號（側邊導軌式）

連結東京都心（新橋）與台場等臨海副都心的新交通系統。全站都有匣門，是車內沒有站務人員的無人駕駛。

123

5-07 都市的鐵道⑦
懸浮的線性與無懸浮線性

　　以線性馬達驅動的線性馬達，有的不只是像超電導線性一樣以超高速行駛，甚至已行駛在日本的都市之間。

　　愛知縣的愛知高速交通東部丘陵線，暱稱「Linimo」，是和德國的高速磁氣懸浮鐵道一樣，都是常電導磁浮式線性鐵道。車輛的懸浮高度約8mm、和高速磁氣懸浮鐵道一樣，但行駛系統及最高速是時速100km這點就不同了。Linimo是自1970**年代起，由日本人開發並將HSST實用化的成果**。從德國輸入基本技術，著手開發HSST的是日本航空（之後退出），當初原本是要作為連結成田空港與羽田空港的高速交通捷徑，但計劃變更後被改良為都市交通用。由於是懸浮行駛，行駛時的聲音很安靜、車內震動較少是其一大特徵，但弱點則是若利用人數多、車輛重量增大就會無法懸浮等。

　　車體不會懸浮的鐵輪式線性也已經實用化。鐵輪式線性的電車是以車輪來支撐車體的，但是以由台車電磁鐵與線路的反應板所構成的線性馬達來驅動。1986年開業的加拿大溫哥華的「架空列車」是最初被實用化的，日本則是使用在由在大阪市營地下鐵常崛鶴見綠地線，被稱為「線性地下鐵」的小型地下鐵中。線性地下鐵的電車不再具有像過去的圓筒形馬達，台車小型化、車輛剖面也逐漸縮小。因此，得以將隧道剖面縮小、節省建設經費。

第 5 章　都市與山岳的鐵道

常電導磁浮式線性（HSST）

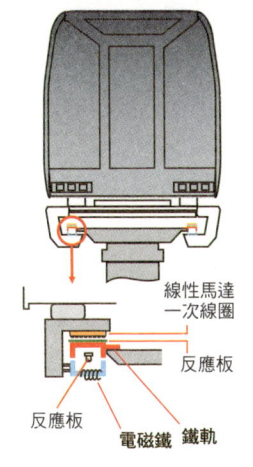

線性馬達
一次線圈
反應板
反應板　電磁鐵　鐵軌

藉由一般的電磁鐵(常電導磁鐵)，車輛會懸浮約8mm行駛。和高速磁氣懸浮鐵道的行駛系統不同。在愛知高速交通東部丘陵線有「Linimo」在營運，也成為前往2005年舉辦的愛知博覽會會場的主要專車。最高時速是100km。

鐵輪式線性（線性地鐵）

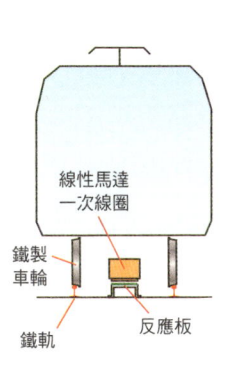

線性馬達
一次線圈
鐵製車輪
鐵軌　反應板

和一般電車一樣是以車輪支撐車體的，但是以台車的一次線圈與反應板（軌道中央的金屬板）所構成、並以線性馬達來推進。在日本，是作為建設費便宜的小型地下鐵來開發。

125

5-08 都市的鐵道⑧
無軌電車與導軌公車

　　在巴士當中，有無軌電車與導軌公車。它們能行駛的路線被架線或軌道給限制住，缺少像一般巴士般的路線自由度，因此在日本的法律中，被歸類為鐵道。

　　無軌電車是以電氣力量行駛道路的電車，由於不需要軌道，因此被稱為無軌電車。**電氣是將裝設車體車頂上的集電裝置（接電桿）接觸架設在道路上的架線（無軌線）來集取。**由於不需要鋪設軌道、比路面電車更便宜，因此在日本的1970年代以前，曾行駛在東京等的大都市裡，但之後就被一般的巴士給取代了。在海外的都市至今也仍在行駛，各業也開始對它們重新審視。現在在日本，只能在非都市地區的立山黑部阿爾卑斯之路的一部分中見到。

　　導軌公車是禁止一般汽車進入、行駛專用導軌的公車。在導軌公車行駛路段的左右兩側都鋪設有導軌，會和巴士的引導車輪接觸。使用的巴士和一般的巴士幾乎構造一樣，但由於**導軌行駛中，前進路線是藉由引導車輪與引導軌道來誘導的，因此就算駕駛不操作方向盤，也能夠通行彎道。**1980年代在德國被實用化，在日本則是被導入於2001年開業的名古屋導軌公車「YUTORITOLINE」。YUTORITOLINE的公車在郊區的住宅區是行駛在一般道路，但在交通量大的都市區則是行駛在高架橋上專用的導軌上，可避開擁塞的道路。

第 5 章　都市與山岳的鐵道

從日本都市消失的無軌電車

在日本，無軌電車曾在東京等大都市行駛，而現在只能在立山黑部阿爾卑斯之路的一部分看得到。圖片是關電無軌電車。

名古屋導軌公車

巴士會行駛在專用的導軌上。由於位在巴士左右兩側的引導車輪會接觸到導軌的軌道上，因此就算駕駛不操作方向盤也能過彎。

5-09 都市的鐵道⑨
路面電車LRT

近年來,被稱為LRT(Light Rail Transit)或輕軌(Light Rail)的都市交通工具極受矚目。Light Rail是指運送規模比一般鐵道還要小的鐵道,因此LRT並不一定是指路面電車。可是在日本,經常會介紹LRT就是在歐洲引起建設風潮的路面電車,因此有時也會將它翻譯成「**發展型路面電車**」來作為改良式的路面電車。LRT中所使用的小型電車叫作LRV(Light Rail Vehicle),將底盤降低、縮小和站牌月台之間差距的電車,就叫作低底盤LRV。

路面電車因地下鐵、巴士、自用車的發達而衰退,但1980年代法國及德國又開始復活。原因就在於對汽車公司的反省,開始了以路面電車為中心的街道建設。在這個嘗試當中,不只是建設路面電車的路線,也導入了老年人及身障者容易上下車的低底盤LRV,讓大家都得以方便利用。另外,將禁止汽車進入市區街道、只允許行人及LRV通行的Transit mall,以及在郊區車站設置停車場、促進鐵道利用的park and ride一起進行配套,致力於讓因塞車而衰退的市區街道再度復活。由於這個計劃成功,**在歐洲,LRT的導入開始盛行起來,在汽車王國的美國,也有許多城市都重新建設了**LRT。

受到這個潮流的影響,日本的路面電車也進行了行駛低底盤LRV等改良,但仍然不及像歐洲一樣將LRT比擬為都市的「裝置」且配套措施完善。

第 5 章　都市與山岳的鐵道

不行駛路面的LRV

紐瓦克輕軌（美國）

是2節車體的連接車，將一部分底盤往下降的部分低底盤LRV。看起來像是路面電車，但卻不行駛路面區間。在紐瓦克站附近也會行駛地下。

行駛地下的LRV

波士頓地下鐵綠色線（美國）

是2節車體連接構造的LRV，比其他路線的電車還要小型。在郊外會行路面區間，但在鬧區則行駛地下。圖片的電車是日本製。

行駛草地的LRV

鹿兒島市電 鹿兒島中央站前

在現在行駛的低底盤LRV當中，有包括3節車體連接構造（右）與5節車體連接構造（左）的類型。軌道的草地目的是要緩和熱島效應、改善都市景觀。

129

5-10 山岳的鐵道①
黏著驅動的鐵道及其界限

通過山岳地帶的鐵道，還包括了後述的齒軌鐵路及叮噹車等以黏著驅動以外的方法讓車輛驅動的鐵道。這些是**為了要行駛在黏著驅動的一般鐵道中無法對應的急彎所思考出來的鐵道**。

在黏著驅動的一般鐵道當中，車輛無法行駛過彎的彎道。原因是車輪與軌道之間無法產生充分的摩擦，會導致車輪打滑之故。也有的車輛會像火車一樣，在車輪與軌道之間撒上石砂來止滑、防止車輪滑動，但能對應的彎道依然有限，因此一般鐵道的彎度建設都會在某個程度以下。在日本，本線的最大彎度鐵道大多是在33‰以下。

也有以黏著驅動行駛超越以上彎度的鐵道存在。例如在箱根登山鐵道的箱根湯本～強羅間，**特殊裝備的登山電車會以黏著驅動行駛最大80‰的彎度**。在日本，有一個由包括箱根登山鐵道的六家鐵道公司所加盟的「全國登山鐵道‰會（per mill會）」。這六家鐵道都是沿線有觀光景點的登山鐵道，電車藉由黏著驅行駛著40‰以上的彎道。過去，JR信越本線的橫川～輕井澤間或京阪京津線的蹴上～九条山間有一個66.7‰的急彎道，有特殊裝備的火車或電車在行駛。前者廢止之後，是由輕軌小貨車在行駛，而後者則因地下化而廢止。

海外也有行駛更彎彎道的鐵道。例如在奧地利，就有一個具有**黏著驅動的世界最彎彎道（116‰）的匹斯特林山登山鐵道**。

第 5 章　都市與山岳的鐵道

行駛急彎的山形新幹線「翼」

山形新幹線的舊幹線區間(奧羽本線)，是在板谷峠附近、有連續的急彎道。圖片左下方，在一般的鐵道中可以看到標示特例的36‰的彎道標示。

箱根登山鐵道的登山電車

從箱根湯本站發車之後就馬上行駛急彎道。為了以黏著驅動安全行駛最大80‰的彎道，備有四種煞車。

131

5-11 山岳的鐵道②
折返式路線、環狀鐵道

　　在高低落差大的地方，若想要通行最短的路徑，彎道就會變得很陡，但若是繞遠路來拉長距離的話，就能減緩彎度。像這樣在線形上下工夫來緩和坡度的設備上，包括**折返式路線**與**環狀鐵道**。

　　折返式路線是指**改變車輛進行方向、呈現鋸齒狀的線路**。代表範例像是行駛阿蘇山麓的JR豐肥本線的三段折返式路線，列車會轉換方向兩次來上下急彎道。另外，也有水平的線路會從急彎道中途分歧，讓車輛容易往前前進的折返式路線車站。例如在JR土讚線急彎區間的坪尻站及新改站中，只有停車的普通列車會進入設有月台的分歧線，不停車的特急列車就會直接通過。折返式路線過去比現在還要來得多，為了解決方向轉換的時間，便改良線形並廢止，因此折返式路線的數量也減少了。而且也有像東武野田線的柏站一樣，不以緩和彎道為目的的平坦地折返式路線的車站。

　　環狀鐵道是讓**線路呈現螺旋狀、趨緩彎道**。不需要像折返式路線一樣先停車再轉換方向是其一大特徵，但設備比折返式路線還更大費周章、建設費也較龐大。提到稀有的例子，包括像是同時存在折返式路線與環狀鐵道的JR肥薩線大畑站。

　　另外，也有不以緩和彎道為目的的環狀鐵道。例如位於埼玉新都市交通的終點的大宮站，就設有讓列車折返的環狀線。

第 5 章　都市與山岳的鐵道

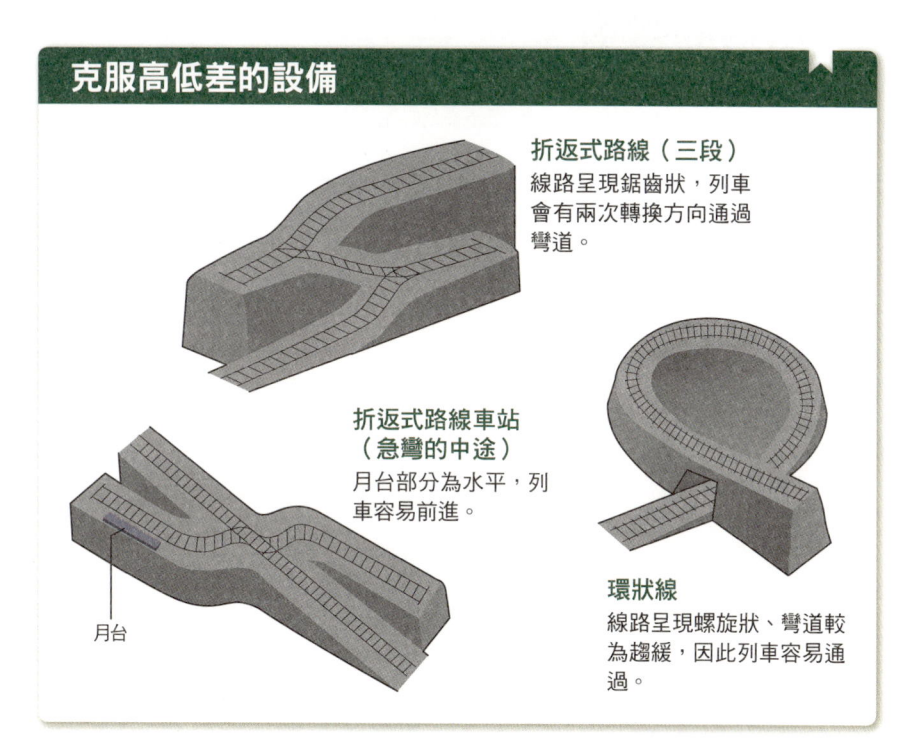

克服高低差的設備

折返式路線（三段）
線路呈現鋸齒狀，列車會有兩次轉換方向通過彎道。

折返式路線車站（急彎的中途）
月台部分為水平，列車容易前進。

月台

環狀線
線路呈現螺旋狀、彎道較為趨緩，因此列車容易通過。

折返式路線車站（JR土讚線・坪尻站）

位於四國山區急彎區間的車站。特急列車會直接進入本線，但普通列車則是進入設有月台的分歧線。由圖片可看的出來分歧線是呈現水平、本線是呈現上坡彎度。

133

5-12 山岳的鐵道③
齒軌條鐵道

　　在山岳的鐵道當中，有時會採用**齒軌條鐵道**。所謂的齒軌條鐵道，是將鋪設在線路中央的鋸齒狀齒軌條與車輛兩側的齒輪咬合在一起驅動的鐵道。由於**驅動時不會使用軌道與車輪之間的摩擦，因此也可以行駛黏著驅動所無法行駛的急彎道**。

　　齒軌條鐵道有包括Rocher式或Strub式、Abt式、Riggenbach式等齒軌條的形狀或與齒輪咬合方式不同種類存在。在日本使用的Abt式當中，由於即使是彎道也要讓齒輪保持咬合的狀態，因此會錯開齒輪位置鋪設兩三片齒軌條。

　　現在**在日本，採用齒軌條鐵道的除了遊覽鐵道之外，就只有大井川鐵道井川線**。井川線原本是全區間皆是黏著驅動的鐵道，但部分區間因建設水庫而被淹沒，在1990年變更路線的結果，Abt ichishiro～長島水庫之間就出現了最大90‰的急彎區間，於是就成為了這裡專用的機關車所引導的齒軌條式（Abt式）鐵道。

　　前述的JR信越本線橫川～輕井澤之間，在1963年前都是齒軌條式（Abt式）鐵道，在列車標高較低的橫川，連結了Abt式的機關車。由於若時速低於15km的話就會有延遲等問題出現，因此就停止了Abt式，改成黏著驅動。

　　眾所皆知的山岳國家瑞士，擁有許多齒軌條鐵道。其中之一的少女峰登山鐵道，有一個在齒軌條鐵道中世界最彎的彎道（480‰）區間。

第 5 章　都市與山岳的鐵道

齒軌條鐵道的種類

Rocher式

Strub式

Abt式

Riggenbach式

圖片來源：Homepage of Andrea Lohmüller ＋ Friedrich A. Lohmüller
「3D-Animations A Gallery of Raytraced Animations by Friedrich A. Lohmueller」
http://www.f-lohmueller.de/pov_anim/ani_4000d.htm

日本的Abt式鐵道

大井川鐵道井川線的Abt ichishiro～長島水庫，是日本唯一的Abt式鐵道。是將這個區間專用的電氣機關車（如圖）連結在列車上。

135

5-13 山岳的鐵道④
鋼索鐵道、索道

　　除了齒軌條鐵道以外，山岳地區也有都市看不到的特殊鐵道存在，其代表範例像是**鋼索鐵道、索道**。

　　鋼索鐵道是以鋼索將車輛往前推進的鐵道，包括**交走式**與**循環式**。交走式是以鋼索連結兩輛車輛，像井水吊桶般交互上下的原理。存在於日本的鋼索鐵道都是交走式，是由**行駛黏著驅動無法對應的急彎的兩輛車輛，在中途交錯而行的結構**。循環式是抓住活動的環狀鋼索讓車輛前進的原理，在平地也能使用，因此在美國洛杉磯的鋼索鐵道等都有採用。鋼索鐵道的彎度，在日本是高尾登山電鐵的608‰最大，而美國則是存在著一個727‰（世界最大）的鋼索鐵道。

　　索道則是使用架設在空中的**纜線（索條）**，由承載有人或物品的搬運器具來移動。使用在山岳地帶的觀光地區或是滑雪場等無法鋪設線路的場所。有時不被歸類為鐵道，但現在在日本，則是將**旅客用的索道套用在鐵道事業法上來營運**。

　　有一個特殊的例子是skyrail。它是由日本開發的交通系統，車輛是以電纜或是線性馬達來驅動。由於是像懸垂式單軌電車一樣，車輛是懸垂在軌道上的，因此和搬運器具懸垂在纜繩上的索道相比，具有較不易受到強風影響的特色。提到skyrail的導入範例，包括了廣島的「skyrail service」。

第 5 章　都市與山岳的鐵道

鋼索鐵道

以鋼索來推動車輛。現存的日本鋼索鐵道都是單線的交走式，在中間車輛會交錯的結構。圖片是高尾登山電鐵的鋼索鐵道。

索道

將搬運器具懸垂在架設在空中的索條上，搬運旅客或貨物。在觀光地區經常可見。圖片是筑波觀光鐵道的索道。

137

COLUMN.5

行駛在專用道上的巴士「BRT」

　　提到新的交通系統，除了LRT之外、也常聽到BRT這句話。BRT是Bus Rapid Transit的簡稱，在日本是翻譯為「**巴士高速運送系統**」。這是讓巴士行駛專用道路以避免受到塞車的影響，在海外也是主要作為都市的交通工具。

　　日本的BRT包括名古屋的基幹巴士或導軌巴士等，但也有像行駛鹿島鐵道的軌道舊址的「懷舊巴士」一樣，將廢止的地方路線線路作為專用道路的例子。

　　即使是通行三陸沿岸的JR氣仙沼線或JR大船渡線，由於是受到東日本大地震海嘯的影響，部分區間便導入了BRT。在其他受災的路線中，也有導入BRT的計劃。這些都被視為鐵道在修復之前的替代工具。

　　另外也有像近鐵內部線一樣，因使用者減少而可能要轉換成BRT的鐵道。

已廢止的鹿島鐵道之替代巴士「懷舊巴士」。為了避開塞車頻繁的道路，便行駛舊址的巴士專用道。這個巴士專用道，也有行駛前往茨城機場的巴士。

第 6 章

線路的構造和種類

鐵道的車輛不能缺少線路。
在這一章當中，
就來看看各種線路、其構造、種類、
以及維修方法吧。

對應兩種軌距的三線分歧器

6-01 軌道的構造①
鋪有砂礫的軌道與沒鋪砂礫的軌道

　　提到鐵道，有列車通行的通路叫作「**線路**」，包含位於叫作「**路盤**」的基礎部分上方的軌條或枕木等的部分就叫作「**軌道**」。軌道的構造有各種種類，在鋪有「**砂石**」的「**砂石道床**」上放置有枕木的軌道叫作「**砂石軌道**」。砂石軌道的砂石，不只是有車輛通過時吸收產生的衝擊之緩和作用，也可作為吸收噪音的吸音材。除此之外，還有排除軌道的水、讓雜草不易叢生等功用。另外，由於砂石是很容易取得的材料，因此砂石軌道的使用在鐵道上已有很長的歷史。

　　由於砂石軌道的枕木並沒有固定牢靠，所以車輛通過好幾次之後，枕木的位置就會歪斜、軌條會移位，車輛就會無法安全且安定地行駛。因此會定期地進行保養並調整枕木及軌條的位置。另外砂石若長期使用，銳角就會被磨圓、緩衝力會降低，因此必須定期更換。這樣的作業很費時，所以會使用一部分不使用砂石的「**省力化軌道**」，其代表範例就是「**版式軌道**」。

　　版式軌道是將軌條固定在叫作「**軌道版**」的水泥板上，因此**軌條位置較不易移動**。在日本，只有在除了東海道新幹線的新幹線、1970年代以後開業的部分鐵道使用。雖然保護線路的作業已經不再那麼費事，但為了防止回音，有時也會在軌道上撒上顆粒較小的砂石。

第 **6** 章　線路的構造和種類

砂石軌道

鋪設有砂石的砂石軌道（左）與沒有鋪設的版式軌道（右）。在版式軌道中，軌條是固定在水泥板上（軌道版）的。圖片是山陽新幹線三原站。

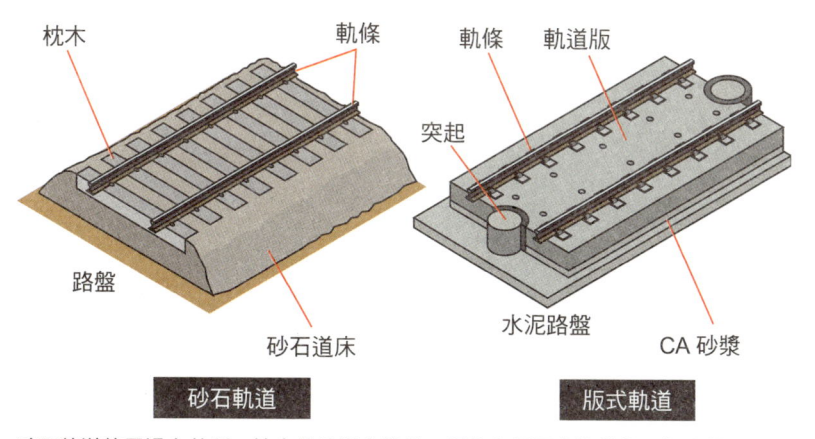

枕木　　軌條　　軌條　軌道版

突起

路盤　　　　　砂石道床　　水泥路盤　CA 砂漿

砂石軌道　　　　版式軌道

砂石軌道使用過久的話，枕木的位置會移位，因此必須要定期維修。版式軌道則是軌條的位置不易移位，也較容易維修。

141

6-02 軌道的構造②
軌條的重量與剖面

　　軌條有各式各樣的種類，有時也可以粗細（每1m的軌條重量）來分類。

　　一般來說在幹線方面，都是使用又粗又堅固的軌條。在日本，主要是使用每1m40-60kg的軌條，舊幹線的地方線是40kg、舊幹線的幹線是50kg、新幹線則是60kg，**依線路規格的不同來使用不同粗細的軌條。**

　　軌條剖面的形狀也有各式各樣。一般的軌條剖面是呈現出像「エ」字型的獨特狀。這是使用在建築物等的剖面、改良了「H」字型的「H型鋼」，**特徵是一點點的材料就能展現出高度的強度。**

　　在一般的軌條中，由於要讓軌條不易左右傾斜，和枕木接觸的部分（底部）之幅度，會比和車輪接觸的部分（頭部）還來得寬。另外，由於頭部較易磨損，因此會比底部還要厚。

　　在日本最初的鐵道中所使用的軌條，叫作**雙頭軌條**，因此剖面的形狀和現在的軌條不一樣。為了延長軌條的壽命，會將頭部分成兩部分，若其中一方的頭部磨損了，就將之上下顛倒、把另一邊的頭部朝上使用。現在在日本已沒有在使用，但在修復後的舊新橋停車場，就可以看到實物。

　　在路面電車的併用區間（路面區間）中，也使用剖面形狀特殊的軌條。底部的形狀和一般軌條一樣，但頭部有一個可塞入車輪凸緣的凹槽。

第 6 章　線路的構造和種類

軌條的剖面

頭部
底部
一般的軌條

路面區間的軌條

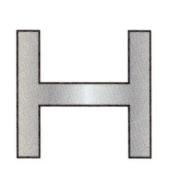

H型鋼

一般的軌條是呈現出改良H型鋼的剖面。在路面區間（併用軌道）中，也有使用具有能塞入車輪凸緣的凹槽之特殊剖面軌條。圖片是在京阪濱大津站附近。

雙頭軌條

同樣形狀的頭部有兩個，只要一邊磨損就可以上下倒過來使用。日本最初的鐵道（新橋～橫濱間）一直都有在使用。現在可以在修復後的舊新橋停車場看得到。

6-03 軌道的構造③
軌距的種類

　　鐵道有各種規格，其中之一就是**軌距**。雖是指左右軌條的間隔，但**嚴格來說就是指頭部之間的最短距離**。

　　例如JR舊幹線的軌距，是1067mm。軌距基本上都是以英呎計算，因此在算成mm單位時，要將小數點以下四捨五入，算出大約的數值。不過，就像在東南亞等使用的標準尺（1000mm）一樣，也有以mm單位來決定的軌距。在德國的納粹時代，曾經有軌距導入3000mm的鐵道來增強輸送力的計劃，但後來終究沒有實現。

　　軌距有各式種類，被視爲世界標準的是**標準軌**（1435mm：4英呎8.5英吋）。算出這個數值的理由眾說紛紜，從馬車的車輪間隔決定的說法比較有力。現在**全世界約有六成的鐵道是採用標準軌，日本的新幹線也是**。比標準軌還要寬的軌距是**寬軌**，較狹窄的軌距則叫作**狹軌**。

　　也有在軌距不同的鐵道直通運行的例子。例如在箱根登山鐵道等，設有鋪著三條軌條的**三線軌**之區間，而有兩種軌距的車輛得以行駛。寬軌的蘇俄或西班牙的車輛，會交換台車駛入標準軌的鐵道。西班牙則是像4-06的介紹所示，開發了連結著改變車輪間隔的台車（軌距可變台車）的客車或電車，導入寬軌與標準軌的直通列車當中。

第 **6** 章　線路的構造和種類

軸間的種類

軌距

	公制法	碼磅系統	名稱	現在使用的路線/國家
廣軌	2,140mm	7ft 1/4in		（海外）英國的部分路線
	1,676mm	5ft 6in	印弟安軌距	（海外）印度、巴基斯坦等
	1,668mm	5ft 5・2/3in	伊比利軌距	（海外）西班牙、葡萄牙等
	1,524mm （1,520mm）	5ft （4ft 11・5/6in）	蘇俄軌距	（海外）蘇俄、波蘭、蒙古等
標準軌	1,435mm	4ft 8.5in	標準軌距	（海外）以英美等為中心的採用國家很多 （日本）除了JR新幹線之外，在關西的私鐵也很多
狹軌	1,372mm	4ft 6in	馬車軌距	（海外）蘇格蘭 （日本）京王線、都電荒川線、東急世田谷線等
	1,067mm	3ft 6in	三六軌距	（海外）台灣、菲律賓、印尼等　（日本）除了JR舊幹線之外，關東的私鐵也很多
	1,000mm		量規	（海外）東南亞、歐洲、非洲等的部分 （日本）箱根登山鐵道鋼索線（1995年以前）
	762mm	2ft 6in		（海外）輕便鐵道、森林鐵道　（日本）近鐵內部・八王子線、三岐鐵道北勢線、黑部溪谷鐵道

※ft：英尺、in：英吋

三線軌

是鋪設有三條軌條的軌道，可以讓兩種軌距的車輛來通過。圖片是箱根登山鐵道的風祭站，小田急的電車(狹軌)與箱根登山鐵道的電車(標準軌)是行駛同樣的鐵道。

6-04 軌道的構造④
軌道的分界線「分歧器」

　　鐵道的車輛路線是依軌條而嚴密決定的，因此雖無法像汽車一樣自由選擇前進路線，但藉由設置讓軌道分支的**分歧器**，可以增加路線的型態。

　　藉由分歧器讓軌道產生分歧點，也可以創造連結軌道之間、像天橋般的軌道。也就是說，分歧器是建構鐵道網絡上所不可欠缺的存在。

　　分歧器的構造有各式各樣，經常使用的是「**單開道岔**」，但也有像「菱形交叉」等的「**特殊分歧器**」。「剪形軌道口」則是組合了四個單開道岔與一個菱形交叉，經常使用在因數個線路而折返運行的車站。

　　分歧器的大小是用**番數**表示。舊幹線經常使用的是10號（長約25m）、新幹線經常使用的則是18號（長約71m），雖然左右分歧1m，但各代表著往前進10m、18m，**數值愈大、分歧器就愈長而且愈大**。

　　日本最大的分歧器是38號（長約135m），使用在高崎站附近的上越·北陸新幹線的分歧點（南下）、成田sky access這兩處，可以時速160km通過分歧點。

　　法國的TGV是使用更大的65號（長約208m）。在日本，由於車站周遭的人口密度與地價都很高，因此要使用過大而占地方的分歧器似乎有困難。

第 **6** 章　線路的構造和種類

分歧器的主要種類

單開　　　菱形交叉　　　單式交分叉道　　　複式交分叉道

雙開　　　　　　連接線　　　　　　剪形軌道口

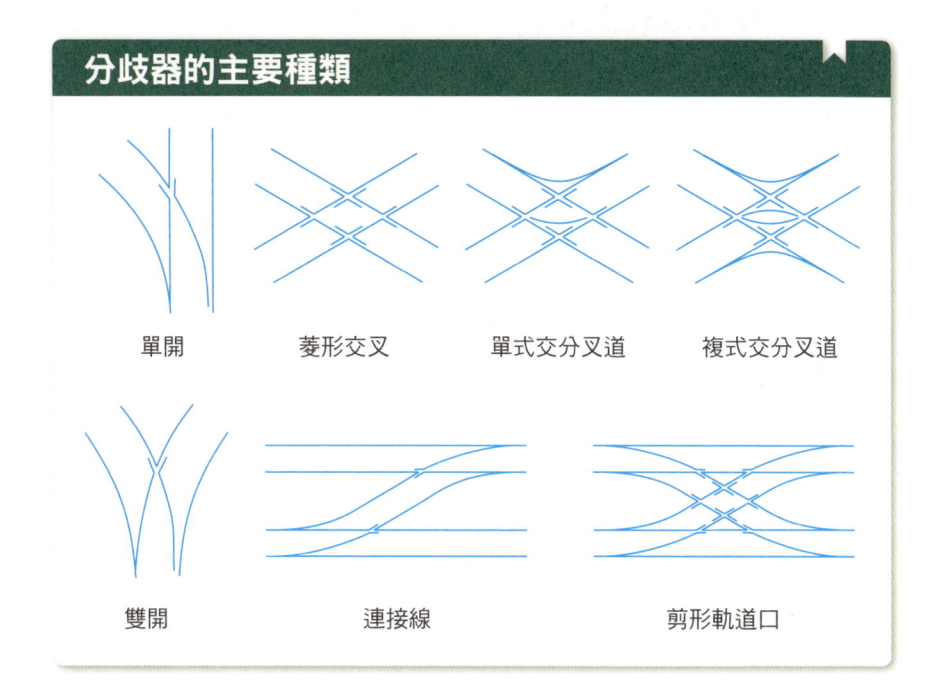

剪形軌道口

是由四個分歧器與一個交叉部分所構成，車輛可在兩線間來去自如。位於複線路線的終點站或是數個路線接續的車站等。

147

6-05 軌道的構造⑤
長鐵路與伸縮接頭

以前我們都會把電車的聲音形容為「噠噠噠噠」，但現在在鐵路旁聽到這種聲音的機會已經減少了。這都是因為**長鐵路與伸縮接頭普及的關係**。軌條若太長就會不易運送，因此從製鐵工廠搬運到鐵路時，大致都會每25m裁切一次。鋪設在鐵路上時都會與軌條密合在一起，但軌條之間卻無法這麼做。這都是因為軌條會隨溫度伸縮，在氣溫上升的夏天，伸展的軌條會因受到擠壓而變形，有時會讓車輛無法通過之故。

因此，過去都是在軌條的接縫處留一個縫隙，讓伸展的軌條不要受到擠壓。由於軌條會因為這個縫隙在表面產生凹凸不平的現象，因此當車輪通過接縫時，都會發出「喀通」的聲音。這個聲音會對沿線居民造成困擾，而且每次車輪通過軌條的凹凸不平處時，枕木等都會受到衝擊，產生了軌道容易受損的問題。

所以，為了消除造成噪音或衝擊力道的接縫，就開始**使用銲接軌條接縫而連結在一起的長鐵路、以及可以對應長鐵路大幅度伸縮的伸縮接頭**。伸縮接頭是軌條縫隙呈現傾斜形狀，**讓車輪轉動的軌條逐漸改變**，因此噪音及衝擊力道就不易產生了。

長鐵路與伸縮接頭原本是使用在新幹線上，但現在也廣泛普及在舊幹線等，即使是通勤電車也能安靜行駛、搭乘起來也變得更舒適。

第 6 章　線路的構造和種類

過去的接縫

以板條（接縫板）將軌條串聯在一起。為了讓因溫度上升而伸展的軌條之間互相擠壓，因此在軌條之間都留有縫隙。當車輪行經這個縫隙上方，就會發出「喀通」的聲響。

伸縮接頭

因溫度而大幅度伸縮的長鐵路伸縮接頭。由於縫隙是斜狀的，因此車輪轉動的軌條會逐漸改變。車輪通過時的噪音或衝擊力道較小。

6-06 線路的設備①
單線、複線、複複線

　　線路的軌道數量會依區間而異，較多的就可以增加運行的列車班次了。因此，有輸送需求的幹線、大都市的線路，軌道數量都比較多。

　　也有對應軌道數量的名稱，像是軌道一條的線路就是**單線**、兩條的是**複線**、三條的就是**複單線**。複線一般都是像兩車道的道路一樣，會將軌道依方向區分使用。

　　在道路方面，有包括車道是奇數的三車道或五車道，有的配合因時間帶而變化的交通量來改變中央分隔島的位置。同樣在海外的鐵道中，也有軌道數量是奇數的線路，將一部分的軌道規劃為雙向的例子。在日本的鐵道中，由於列車運行數量多、運行方法較複雜，因此在**大都市當中，一般都是將軌道數量規劃為偶數再做增加**。

　　例如在東京或大阪等都市當中，有將軌道規劃為**四條複複線**的區間，依列車種別或路線各區分為兩條來使用的例子也不少。在阪急電鐵的梅田站附近，由於有三個路線（京都線、寶塚線、神戶線）的複線線路並行，因此就形成了軌道**六條的複複線**區間。在東京的神田站附近，雖有四路線（山手線、京濱東北線、中央線、東北新幹線）的軌道並行的**四複線**區間，但若施工中的東北縱貫線完成的話，軌道就會變成十條的**五複線**。在東京的日暮里站附近，排列著六路線14條軌道。由於並沒有所有軌道並行的部分，因此無法稱之為七複線，但卻是可以一次看夠各種路線列車的稀有場所。

第 6 章　線路的構造和種類

單線

軌道一條的線路。除了車站及紅綠燈路段，列車都無法擦身而過。可以在列車運行數量少的地方線等看到。

複線

軌道兩條的線路。可以在列車運行數量多的幹線等看到。若依方向區分使用的話，有的國家是像日本或義大利採取左側通行，也有的國家是像德國或美國一樣採取右側通行。

有多數軌道並行的區間（日暮里周邊）

有六路線（東北新幹線、JR舊幹線、京成）14條的軌道並列的稀有場所。有時會如圖所示，會有數班列車同時通過。

151

6-07 線路的設備②
將電氣送給電車的設備

　　鐵道有**電化區間**（設有將電氣供給給車**輛**的電力供給設備）、與沒有該設備的**非電化區間**，電車或電氣機關車只能行駛電化區間。這裡所說的電力供給設備，不是只有架設在軌道正上方的架線，也包括懸吊架線的架線柱、將電氣送給架線的變電所等諸多設備，因此要整頓一切將非電化區間改成電化區間，需要花費巨額費用。當然，施工之後也要花費電力供給設備的維修費用。因此若**基本上不是運送需求高的區間，即使更改為電化區間，也沒有預算**。

　　在鐵道中所消耗的電氣，是來自於發電所。由於電氣在電壓不夠高時就無法有效運送，因此發電所會運送27.5～50萬V的高電壓電氣，但經過變電所，就會讓電壓階段性地降低。在鐵道事業者（鐵道公司）所擁有的鐵道變電所，更會將電壓降低、改變電氣的種類，運送到線路上。電氣會通過叫作**配電線**的電線，流向**架線**或是**第三軌條**。車輛會讓它去接觸**集電裝置、吸取電氣**。

　　日本的鐵道事業者（鐵道公司）所使用的所有電氣，基本上都是從電力公司購入，只有JR東日本擁有火力發電所與水力發電所，供給首都圈中所使用的部分電氣。在東日本大地震之後，發電所受到災害，許多電力公司的管轄地區內，都面臨了電力不足的窘境，但JR東日本則是暫時減少列車班次，將電氣提供給東京電力管轄地區。

來自發電所的電氣流程

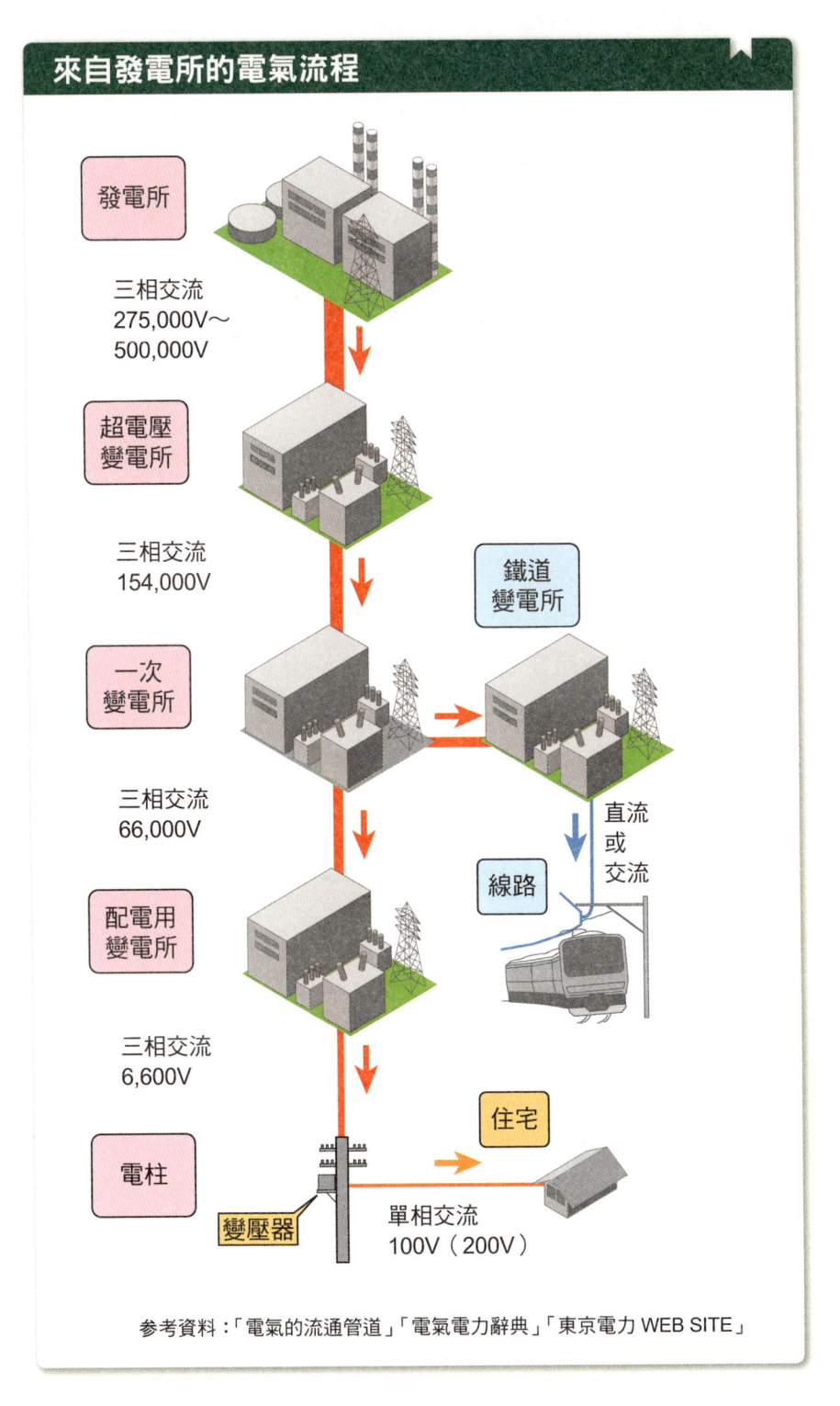

發電所

三相交流
275,000V～
500,000V

超電壓變電所

三相交流
154,000V

一次變電所 → **鐵道變電所**

三相交流
66,000V

直流或交流 → **線路**

配電用變電所

三相交流
6,600V

電柱 — 變壓器 → **住宅**

單相交流
100V（200V）

參考資料：「電氣的流通管道」「電氣電力辭典」「東京電力 WEB SITE」

第 6 章　線路的構造和種類

153

6-08 線路的設備③
直流電化與交流電化

電氣大致可區分為直流與交流,各別將電化稱為**直流電化**、**交流電化**。

在現在的JR舊幹線當中,是以直流1500V,交流20,000V・50Hz,交流20,000V・60Hz這三種電氣來電化。交流電化之所以會有兩種,是因為由電力公司提供的電氣週波數在東日本是50Hz,在西日本是60Hz。另外,在除了迷你新幹線的新幹線當中,是以交流25,000V・50Hz、交流25,000V・60Hz這兩種電氣來電化的。

JR前身的國鐵,在當初的舊幹線中只採用直流電化,但**1950年代以後也開始採用交流電化**。運送高電壓的交流電氣之交流電化,法國比日本還要早付諸實現。這個電化方式,由於是要降低電壓、將變壓器乘載在電車或電氣機關車上,因此車輛成本比直流電化來的高,但藉由送電效率的提升,變電所的數量會減少、設備成本就會下降。整體來說,設備成本的比例較高,因此若導入交流電化,也可以節省花費在電化上的成本。可是,由於導入了周波數不同的兩種交流電化,舊幹線就分布著三種電化(電氣),電化方式的境界遍布在全國,成為了列車直通運行的障礙。

交流電化的導入有正反兩面的意見。也有對應直流與交流的高比例交直流電車或交直流電氣機關車增加,成本的降低不如預期的批判;但也有交流電化應用在新幹線上,塑造了將電氣機關車推銷給新興國家等的商機這種肯定的意見。

第 6 章　線路的構造和種類

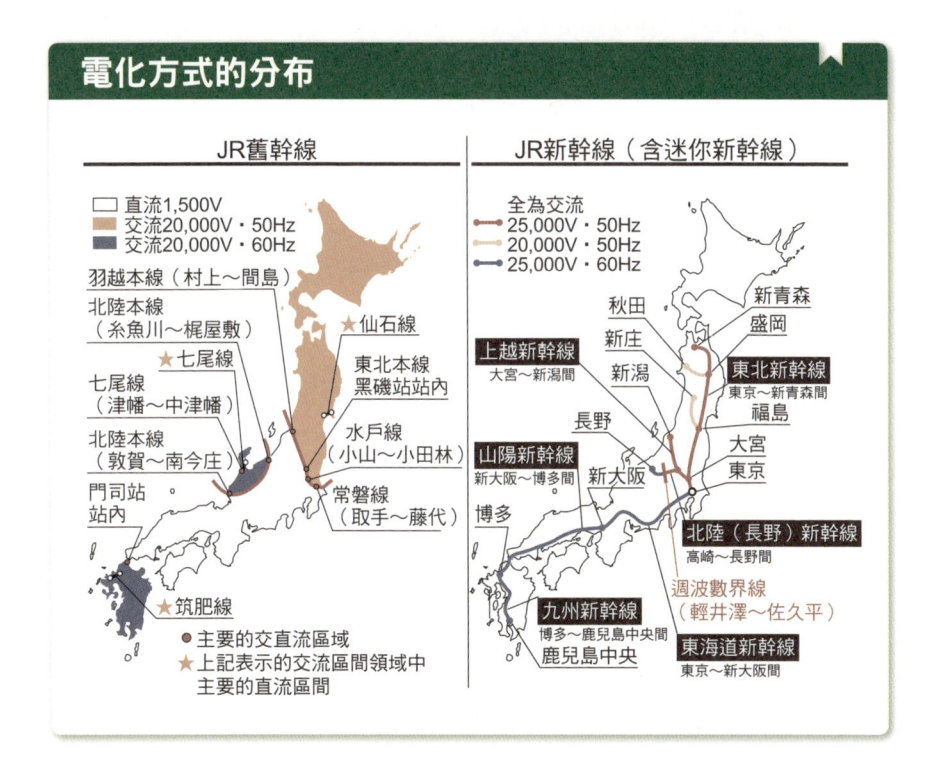

電化方式的分布

JR舊幹線

- ☐ 直流1,500V
- 交流20,000V・50Hz
- 交流20,000V・60Hz

羽越本線（村上～間島）
北陸本線（糸魚川～梶屋敷）
★七尾線
七尾線（津幡～中津幡）
北陸本線（敦賀～南今庄）
門司站站內
★筑肥線
仙石線
東北本線黑磯站站內
水戶線（小山～小田林）
常磐線（取手～藤代）

- ● 主要的交直流區域
- ★ 上記表示的交流區間領域中主要的直流區間

JR新幹線（含迷你新幹線）

全為交流
- 25,000V・50Hz
- 20,000V・50Hz
- 25,000V・60Hz

秋田　新庄　新青森　盛岡　新潟　福島　長野　大宮　東京　新大阪　博多　鹿兒島中央

上越新幹線　大宮～新潟間
東北新幹線　東京～新青森間
山陽新幹線　新大阪～博多間
北陸（長野）新幹線　高崎～長野間
週波數界線（輕井澤～佐久平）
九州新幹線　博多～鹿兒島中央間
東海道新幹線　東京～新大阪間

行駛全國的特急形電車（485系）

對應三種電化方式的交直流電車。成本比直流電車還要高，但為了擴大特急網而在國鐵時代大量地生產。現在已被新型電車給取代、數量銳減。

155

6-09 線路的設備④
線路的平面交叉與立體交叉

　　在道路上，存在著許多呈現十字狀的平面交叉點，但兩路線的線路一樣呈現十字交叉之處在鐵道很少見，**一般都是立體交叉**。不過，還是有些地方因列車運行班次少，使用立體交叉反而弊多於利，而有些地方則是路面電車的線路平面交叉處。過去在日本還可以見到，而現在只能在土佐電氣鐵道的播磨或橋站等看得到。

　　在日本稀有的**鐵道的平面交叉當中，包括了伊予鐵道的大手町站附近**。在這裡，一般的鐵道（高濱線）與路面電車（大手町線）的線路是呈現平面交叉的，也算是道路的平交道。當**電車通過一般的鐵道時，平交道的柵欄就會降下，道路的汽車或路面電車就會在之前停下。**

　　在鐵道的立體交叉方面，基本上大多是新鐵道從上方通過。由於新的鐵道**為了要消除平交道而大多利用高架橋，因此經常會超越行駛地平面的老舊鐵道**，但也有相反的例子。在北陸（長野）新幹線的佐久平站，北陸新幹線會通行地平面，超越其上方的高架橋，則是有單線的舊幹線（JR小海線）會通過。這是因為讓JR小海線由上方通過會比較節省整體建設費之故。

　　在都市的地下有許多地下鐵的立體交叉。基本上老舊路線會通行較淺層的地方，因此愈是新的路線就愈會通行深層的地方，不過車站若過於深層的話就較不易利用，所以就像東京的副都心線與新宿線的立體交叉一樣，也有新的路線在老舊路線上方通行的例子。

第 6 章　線路的構造和種類

線路的平面交叉（伊予鐵道・大手町站附近）

日本唯一一般的鐵道（高濱線）與路面電車（大手町線）軌道呈現平面交叉的地方。當高濱線的電車通過時，大手町線的路面電車就會在平交道的前方停止。

線路的立體交叉（東京・品川站附近）

京濱急行電鐵會從JR舊幹線（左下）與東海道新幹線上方通行。圖片右方內側有東海道新幹線的隧道，會從京濱急行電鐵的下方通過。大都市會有很多這樣的複雜立體交叉。

157

6-10 線路的設備⑤
與道路的平面交叉與立體交叉

　　由於地面上有許多道路，所以通過地平面的鐵道勢必會和道路有所交集。可是，若和所有的道路立體交叉的話，建設費將很可觀，因此有時候道路與線路會設置平面交叉的平交道。

　　由於日本的鐵道大多會通過人口密集地，因此有不少平交道。平交道是頻繁發生擦撞事故的地方，也會導致交通打結，因此新的鐵道當中，一開始就會以立體交叉化為目標、不去建造平交道。例如在**新幹線（全規格）當中，本線平交道的數量是零**。

　　在殘留著平交道的老舊鐵道當中，已將平交道本身做了整頓、統一廢止或合併，並將部分做立體交叉化，逐漸減少平交道的數量。在立體交叉化當中，也有例子是道路在線路上方或下方通行的，但也有的是將線路的部分區間做高架化或地下化，同時廢止複數的平交道。這叫作**連續立體交叉事業**，以首都圈等都市為中心來進行。

　　根據這樣減少平交道的作法，原本1961年還約有七萬個地方有平交道，到了2009年下半年，已減少到3.4萬個了。可是，列車頻繁通過的早晚尖峰時間，柵欄長時間無法升起的「**不開放的平交道**」至今仍有多數，因此往後也有減少的計畫。

　　海外的鐵道雖依國家而異，但似乎沒有國家的鐵道像日本這麼多。例如在英國及美國，有以時速200km行駛舊幹線的列車，但行駛的區間幾乎是沒有平交道的。

與道路的平面交叉

交叉部分是平交道。圖片是日本唯一的地下鐵平交道。位於上野的車輛基地附近，東京地下鐵銀座線的電車會穿越道路。

與道路的立體交叉

在近年開業的鐵道當中，為了消除平交道，大多會導入高架橋。新幹線的線路由於是和所有的道路立體交叉的，因此並沒有平交道。

6-11 線路的設備⑥
維修線路的車輛

　　線路需要維修保養。線路不只是因為列車來回行駛而受到衝擊，也因為是直接受到天候影響的設施，若不定期保養，就無法維持良好的狀態。若是軌條彎曲，不僅搭乘起來不舒適，也會導致脫軌事故或是翻覆事故。

　　線路的維護叫作**保線**。由於保線作業大多是在營業列車不行駛的深夜進行，因此看過的人應該很少，但它卻是**保持鐵道安全上不可或缺的作業**。

　　保線作業使用了各種的**保線用車輛**。像是作業員要在線路上移動的車輛、搬運軌條或枕木等資材的車輛、修理架線等高處場所的車輛、修理橋梁或隧道等構造物的車輛、將手工作業機械化的車輛等等。例如MTT就是將軌條懸吊，灌入碎石的作業機械化的車輛，可在短時間內有效地修正軌條的歪斜。這些保線用車輛是靠引擎力量來發動的，因此即使在停止對架線送電的深夜，也可行駛在線路上。

　　隨著保線用車輛的發展，大多數的保線作業已經機械化，但至今倚賴人類的手及眼睛的作業還很多，因此**許多作業員都和保線息息相關**。例如在總長超過500km的東海道新幹線，一天約會有兩千名作業員在進行線路的維護，以保障列車的安全。

第 **6** 章　線路的構造和種類

MTT

將軌條修正到正確位置的車輛。會將軌條懸吊左右移動，灌入枕木下方的碎石。主要是在營業列車沒有在行駛的深夜進行。

鋼鐵探傷檢測車

能滑順削磨軌條頭部的車輛。為避免削下的粉末飛散而會灑水，將旋轉的研磨器貼上軌條。圖片是在白天活動中的展示機。

161

6-12 線路的設備⑦
維修車輛的車庫

　　鐵道不只是線路，**也必須要維護車輛**。就像汽車也有車檢那種定期檢驗一樣，鐵道車輛也被規定必須要有定期檢查，而進行檢查的設備也是必備的。一般來說是叫作車庫，JR是把這樣的設備叫作**工廠、車輛基地、綜合車輛基地**等。在車輛基地或綜合車輛基地當中，有一個留置不使用車輛的**留置線**。

　　車輛的定期檢查包括了實施頻率與檢查內容不同的種類。其稱呼或採用的檢查種類會依鐵道事業者而異，以新幹線來說，依實施頻率多寡，可分為**每日檢驗、例行檢驗、台車檢查、全體檢查**四種。在新幹線當中，由於營業用車輛都是電車，因此檢查的實施頻率是統一的，但在舊幹線當中，有時實施頻率會依車種而異。**最大費周章的是全體檢查，要先將車輛分解來檢查**。此時也會進行車體的塗裝，因此外表會看起來光鮮亮麗。結束了全體檢查的車輛，就會進行試行運轉來確認是否有異常，然後再成為營業列車。車輛從被車廠製造開始到成為廢車之前都要持續接受檢查，保持可以安全行駛的狀態。

　　車庫基本上是位於鐵道的沿線，但地下鐵的車庫大多不易在沿線設置，原因是會通過確保用地較困難的都市之故。因此，有的會在郊區設置車庫、連結通過都市的線路，或是像都營地下鐵大江戶線一樣，將車庫設置在公園的地下。

第 **6** 章　線路的構造和種類

檢修車庫（JR東海・濱松工廠）

檢查車輛的場所。圖片是拆解新幹線電車的台車，以起重機懸吊車體的作業。

留置線（JR西日本・博多綜合車輛所）

暫時留置不進行營業運行車輛的場所。圖片是新幹線電車正在停車。

163

6-13 線路的設備⑧
保護線路或列車避免自然災害的設備

　　為了保護列車來避免自然災害，線路有許多的防災設備。尤其在日本，每年颱風都會接近，也是地震頻繁、自然災害多的國家，因此鐵道會使用各種防災設備。在鐵道受到的自然災害當中，有包括雨、風、雪、地震、海嘯等造成的災害。例如雨會導致土石流（築堤或斜坡的崩壞、落石、地滑等）或河川氾濫，雪會導致雪崩或視線不良等。因此為了掌握降雨量與降雪量，便在沿線設置**降雨計**或**降雪計**，設置**防落石網**或**防雪崩網**等來保護線路。尤其在通過溪谷的路線或是通過大雪地帶的路線，經常可見到這樣的設備。

　　由於風會造成列車的脫軌翻覆事故，若以設置在沿線的**風速計**來觀測強風的話，就會暫停列車的運行。為防止風所帶來的飛沙或飛落物品造成的災害，有時也會在沿線設置**防風林**，而近年更是設置了保護列車防止強風的**防風柵欄**。

　　提到地震的對策，像是當地震來襲時要停止列車運行的**地震計**或早期地震防災系統的設置，以及**高架橋等的耐震化**等。在新幹線，當一檢測到最大震度來襲前的地震波，列車就會自動減速，將災害減到最小。

　　海嘯在東日本大地震中，對太平洋沿岸的鐵道造成很大的損害。具體的對策正在研擬中，而在受災的JR仙石線或JR常磐線當中，則是規劃變更部分區間的路線來遠離大海。

第 **6** 章　線路的構造和種類

落石網

是保護線路與列車以防止斜坡落石的設備。圖片是JR土讚線的大步危站附近。是位於吉野川沿岸溪谷的避難所，落石網與隧道綿延不絕。

防雪崩網

是保護線路以防止受雪災影響的設備。圖片是東北新幹線的八戶站，為了不讓月台積雪，覆蓋在部分的月台上。

6-14 線路的構造物①
橋梁與高架橋

　　線路有包括用土、水泥、鋼鐵、瓦塊等所建造而成的構造物。不只是有**橋梁**或是**隧道**，也包括叫作築堤，盛裝或削減泥土的**土構造物**。

　　代表性構造物的橋梁，是為了越過河川、大海、山谷等所使用，有各式種類。例如以橫樑的構造來區分，就包括了**桁橋**或**桁架橋**、**拱橋**、**鋼架式橋梁**、**斜張橋**、**吊橋**等。

　　桁橋是在橋腳上承載了桁木的簡單構造，使用在橋腳間隔較短的橋梁。桁架橋是將細長材料組合成三角形的構造，在鐵道當中經常使用在度過寬闊河川的橋梁上。拱橋是以上方彎曲的曲線所支撐住的，有各式種類。鋼架式橋梁則是連結了主桁與橋腳、橋台的構造。斜張橋是在塔與桁木之間架設鋼索，使用在看起來光鮮亮麗、最近建設的橋梁上。吊橋是以主鋼索來支撐將桁木垂直懸吊的吊纜，使用在橋腳間隔較長的橋梁上。

　　在地上連續架設橋梁就叫作**高架橋**。在日本，是連續架設桁橋或鋼架式橋梁的構造，經常使用鋼製或水泥製的桁木。為了和數個道路立體交叉而建設了不少，但有時會像新交通系統的高架橋一樣、建設在道路的正上方。高架橋也會導致噪音的形成，因此都有儘量設計成低噪音的結構。

第 6 章　線路的構造和種類

橋梁

桁橋（桁、橋腳）

桁架橋（華倫式桁架橋）

拱橋（梁）

鋼架式橋梁（懸臂式）

斜張橋（鋼索、扁形塔）

吊橋（鋼索、塔）

依據規模或橋腳的間隔來區分使用構造。斜張橋或吊橋被視為構造解析複雜、設計較困難，但近年來由於電腦的發達而讓設計變得容易得多。

高架橋

在地上連續架設的橋梁。經常使用在要和數個道路立體交叉時。圖片是在東京王子附近。舊幹線(左)雖有通過地面，但東北新幹線則是通過高架橋。

167

6-15 線路的構造物②
山岳隧道與都市隧道

　　隧道是穿越群山、通過地下時所不可欠缺的構造物。由於日本國土有七成是山地，因此鐵道有許多的隧道。例如山陽新幹線是地形起伏大的地方，建設上為了讓彎道或弧度能更較平緩，因此全區間有五成（新大阪～博多間）都是隧道。

　　鐵道的隧道大致可區分為建設在山岳地帶的**山岳隧道**、與建設在都市地下的**都市隧道**。山陽新幹線的隧道是山岳隧道，但地下鐵的隧道則是都市隧道。

　　由於隧道必須要依建設的場所或條件而改變工法，因此建設方法有各式各樣。主要包括了**山岳工法、盾構法、開削工法**。山岳工法是支撐山洞牆壁的同時往橫向挖掘下去的方法。盾構法是以盾構機這種筒狀機械往橫向挖掘，並以SEGMENT這個隔斷器來逐一鑿牆的方法。開削工法是從地上挖掘像是溝一般的洞穴，並在底部建造隧道再埋回的方法。

　　山岳隧道主要是使用山岳工法。都市隧道主要是使用盾構法、開削工法，但也有像橫濱或仙台的地下鐵一樣，部分使用山岳工法的例子。

　　都市隧道有包括剖面圓形的與四角形的，四角形的大多是使用開削工法，圓形的則是使用盾構法。在京都的地下鐵東西線中，也有部分區間使用了盾構法的四角型隧道。

第 **6** 章　線路的構造和種類

山岳隧道

建造在群山之間的隧道。由於日本的國土大多是山地，因此鐵道會有許多隧道。圖片是JR氣仙沼線。

都市隧道

通過都市地下的隧道。使用在地下鐵當中。圖片是在東京地下鐵副都心線澀谷站附近，是以盾構法建設的區間。

6-16 線路的構造物③
連結陸地的橋梁與隧道

　　在鐵道的橋梁或隧道當中，有的是負責連結被海隔開的陸地。

　　在位於日本鐵道的橋梁當中，跨越大海的代表範例，像是連結本州與四國的瀨戶大橋、跨越東京臨海副都心的彩虹橋（「百合海鷗號」通行）、跨越設有關西國際機場的人工島的關西國際場聯絡橋。這些都是會有**鐵道與道路通行的鐵道道路併用橋**，關西國際場聯絡橋是世界上最長的桁架橋。

　　連結陸地之間的隧道，就是**通過海底下的海底隧道**。日本鐵道中代表性的海底隧道，包括連結本州與九州關門隧道與新關門隧道、連結北海道與本州的青函隧道。關門隧道（長3614m、南下）是1942年開業的世界第一座海底隧道，是JR山陽本線的一部分，作為橫跨關門海峽的路徑。一樣地，橫跨關門海峽的新關門隧道（長18713m）是1975年開業的山陽新幹線之隧道，開業時是日本最長的鐵道隧道。橫跨津輕海峽的青函隧道（長53850m）是1988年開業的世界最長隧道，現在是JR海峽線（津輕海峽線）的一部分，將來也預定會有北海道新幹線的列車通行。

　　在海外的代表性海底鐵道隧道，包括了橫跨多佛海峽、連結英國與法國的英法海峽隧道（英法海底隧道，長50450m），還有國際列車「歐洲之星」等在行駛。

第 **6** 章　線路的構造和種類

連結本州與四國的瀨戶大橋

瀨戶大橋行經五座島來跨越瀨戶內海,是鐵道會通行道路下方的鐵道道路併用橋,在岡山站與山陽新幹線聯絡,有特急列車或快速列車朝著四國的方向行駛。

連結本州與北海道的青函隧道

是跨越津輕海峽的海底隧道。不只是運送旅客而已,也是運送貨物的一大動脈。將來會成為北海道新幹線的一部分,有新幹線與舊幹線的列車行駛。

171

COLUMN.6

麵包超人列車

　　JR四國的特急列車一部分，有使用在車體外側及車內部分座位描繪了「**麵包超人**」這個卡通人物的柴油車，叫作「**麵包超人列車**」。

　　在四國，由於高速道路網的擴大，高速巴士得以發展，鐵道使用者便減少。因此JR四國為了招攬乘客，便在2000年行駛了麵包超人列車。為何會選擇麵包超人，是因為它長年以來廣受兒童喜愛，而且作者柳瀨隆先生也是高知縣人之故。

　　麵包超人列車經過更新版本，自登場以來已過了十餘年。之所以不會讓人覺得這個角色老掉牙，也許是因為大家也認同它的宿敵「細菌先生」，而且故事非常讓大家耳熟能詳之故。

停在JR松山站的麵包超人列車的特急「宇和海」。車體上描繪了麵包超人的圖案。

第7章

列車的運行
與鐵道的運用

即使有了車輛與線路，光是如此，鐵道還是無法營運。在最後一章中，就來看看要讓列車安全行駛的技術，以及為了讓大家更方便利用，對鐵道所下的功夫吧。

為折返運行做準備的工作人員們

7-01 讓列車安全行駛的祕訣①
操縱電車的駕駛室

　　鐵道是公共交通機關，因此若不安全就無法達成使命。所以，所實施的安全對策需更為嚴謹，操縱列車的駕駛室更是在這方面下足了工夫。

　　鐵道車輛的駕駛室有方向盤、切換開關、量測器材等，但並沒有像飛機的操縱室那麼多。不需要操作舵，基本上只要反覆加速與怠速、減速即可，因此操縱上所必要的機器比飛機還要少。不過操縱是伴隨著危險的作業，需要具備專業知識，因此要成為列車駕駛，必須接受長期的訓練。

　　電車的駕駛室和火車的駕駛室相比，**構造較為簡單**，但方向盤的位置等是依車種而異的。主要操作的是加速用的**主控制器把手**與剎車用的**剎車把手**，而近年來登場的通勤電車當中，也有的是光靠兼具剎車把手的一支主控制器把手就能運行。在自動運行的地下鐵電車當中，若同時按壓駕駛台上的兩個按鈕，**在下一站停車之前，機械就能自動調整列車速度**。也有的電車的駕駛台螢幕上，會顯示月台的狀況，原本月台的監控是由車掌負責，現在駕駛也做得到了，因此個人駕駛才得以付諸實行。

　　駕駛室除了啟動電車的把手之外，還設置了和車掌與駕駛指示所聯絡的**通信裝置**、彌補駕駛操作失誤的**保安裝置**等許多機器。

※慣性行駛的意思。

第 **7** 章　列車的運行與鐵道的運用

把手配置的種類

雙把手式

JR西日本223系5000號台
左側設有主操控器把手、右側有剎車把手。許多電車或柴油車都有採用。除了新幹線，一般左側都設有主操控器把手。

單手把式

橫濱市營地下鐵10000系
主操控器把手也兼具剎車把手。圖中主操控器把手雖位於右側，但也有的是設在中間或左側。

新幹線電車（N700系）的駕駛室

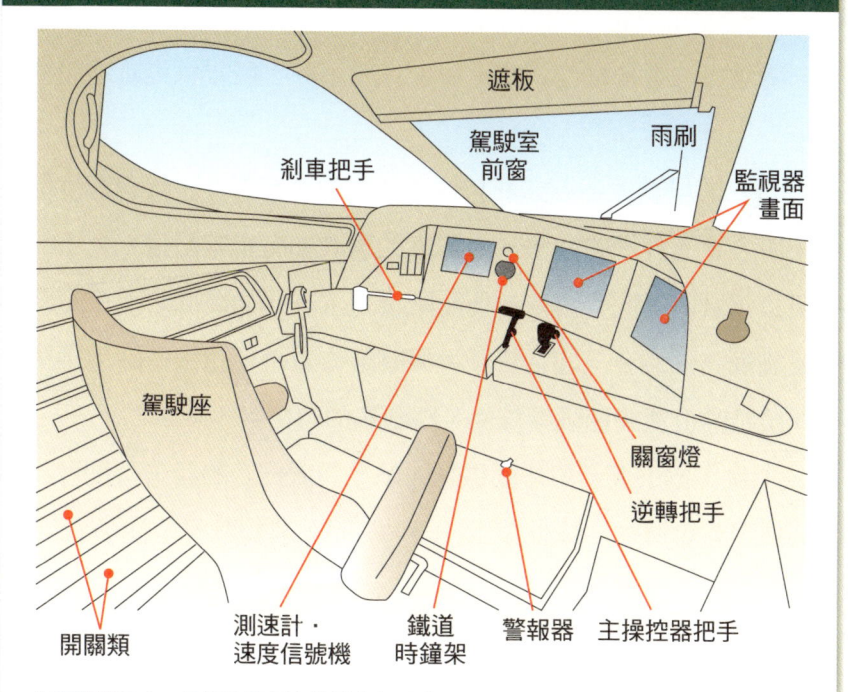

- 剎車把手
- 遮板
- 駕駛室前窗
- 雨刷
- 監視器畫面
- 駕駛座
- 關窗燈
- 逆轉把手
- 開關類
- 測速計‧速度信號機
- 鐵道時鐘架
- 警報器
- 主操控器把手

在新幹線當中，是把使用頻率比剎車把手多的主操控器把手設置在右側。基本上剎車是自動的，因此剎車把手只會在站牌前或是緊急時刻才會使用。

175

7-02 讓列車安全行駛的祕訣②
線路的標誌

　　搭上列車仔細觀察線路，就會發現線路旁豎立著寫有數字的招牌或像是白色柱子的東西，這就是**標誌**。為了讓列車安全行駛，它們具有指示必要的位置、方向、條件等的作用。標誌有各式種類，就像是有標示速限的**速度標示**、標示彎道的**彎道標示**、標示從起點開始的距離的**距離標示**一樣，道路也存在著數種標誌，但鐵道與道路的標誌會因形狀或標示方法而異。

　　在鐵道上，每隔一個比道路還短的間隔就會出現標誌，由於在鐵道中是位在彎道會改變的場所，因此數量會比道路還要多。速度標示在鐵路方面也比道路還要多。鐵道的列車運送規模比汽車還要大，駕駛方法會依彎度或彎道等而大有不同，所以會大量地設置標誌。

　　可是，標誌並不一定都有標示線路的所有條件。沒有速度標示的場所也會有詳細的速限，但**列車的駕駛都有牢牢記住**。列車的駕駛可以駕駛的區間受限，在要駕駛沒有駕駛過的區間之前，一定會接受訓練。他們會一起在駕駛室觀察前方景色，藉由不斷地訓練，**記住線路的位置或速限等條件、踩剎車的時機**等。

　　不過，並不表示不需要標誌。多多設置標誌的話，駕駛可以確認的機會就會增加、減少操作失誤，於是就能提升安全性了。

※正確來說，應該要遵守的是「標誌」，提供情報的叫作「標示」。

第 **7** 章　列車的運行與鐵道的運用

主要的標誌

彎道標示

標示線路的彎道。圖片是1‰的北上彎道。水平的話是「L」。

曲線標示

標示弧度（曲線）的半徑。圖片是標示半徑2500m的彎度。

距離標示

標示從起點的距離。圖片是標示從起點32km的位置。

站名標示

標示站名。在日本，常可見到也會同時標示隔壁站名或英文拼音的標記。

速限標誌

圖片是分岐器，標示往左彎時要把時速減到45km以下。

終站標誌

標示線路的終端。JR九州的會比圖片的稍微大一點。

177

7-03 讓列車安全行駛的祕訣③
線路的信號機

除了標誌，在線路經常可見的還有**信號機**。道路雖也有信號機，但功能和鐵道的信號機有些不同。將信號內容以顏色、形狀及聲音傳達就叫作**相位**，而鐵道還有相位方法特殊的信號機。

鐵道信號機的種類，是以相位方法或功能來分類的。以相位方法大致將線路的信號機作分類的話，有包括**腕木式、色燈式、燈列式**。腕木式是以叫作**腕木**的木板傾斜、色燈式是以色燈的顏色與位置、燈列式是以點燈的燈泡排列方式來呈現。在日本的鐵道中，過去是使用腕木式的信號機，但現在則是置換成夜間也能輕易從遠處確認的色燈式或是燈列式的信號機。**將燈泡改換成長壽且消耗電力少的LED之信號機也愈來愈普及。**

線路上的信號機，會依功能及設置的位置而有各式各樣的種類。例如在車站月台的前後，顯示列車是否可以進站的**場內信號機**、列車是否可以出發的**出發信號機**等。在站與站之間，還有顯示是否可進入叫作**閉鎖區間**的**閉鎖信號機**。另外還包括放置在彎道等視線不良的地方的**中繼信號機**、位於大型車站或車輛基地的**調車信號機**。

此外也還有放置在車內的**車內信號機**。現在在日本使用的車內信號機是速度信號機，會顯示速限。為了讓駕駛容易確認，是使用在高速行駛的新幹線或是隧道內視線不良的地下鐵。**新幹線中之所以沒有調車信號機以外的信號機，是因為駕駛台設有速度信號機之故。**

相位方法的種類

腕木式信號機
以木板(腕木)的傾斜來呈現。水平就是「停止」、傾斜就是「前進」。

色燈式信號機
以燈泡的顏色與配置來呈現。依顏色來呈現和道路的信號機一樣。

燈列式信號機
以亮燈的燈泡排列來呈現。若排列是水平的話就是「停止」，垂直的話就是「前進」。

速度信號機
呈現行駛區間的速限。位於車內的駕駛台。圖片是地下鐵電車的速度信號機。

功能的種類

調車信號機
針對行駛在車站或車輛基地等車輛的信號機。

閉鎖信號機
位於閉鎖區間入口處的信號機。呈現是否可以進入等的訊息。

中繼信號機
預告位於視線不良之處的信號機之相位的信號機。

7-04 讓列車安全行駛的祕訣④
防止列車衝突的閉鎖

要讓列車安全地行駛線路，必須要有各種規定。其中之一的**閉鎖（閉塞）**，是閉上並塞住的意思，但在鐵道方面，**限定只能有一輛列車行駛一定的區間、其他列車無法行駛該區間**，意味著防止列車之間的衝突。為防止其他列車進入，這個固定區間是被封鎖的，因此就叫作**閉鎖區間**。

閉鎖是在19世紀中旬，導入了英國的鐵道中。當初設置了閉鎖系統來作為許可閉鎖區間通行的通行證，只有持偶通票的列車得以行駛閉鎖區間。可是在這個方法中，一旦列車持有的通票不回到車站的話，其他列車便無法進入閉鎖區間，因此同樣方向的列車無法繼續行駛兩列以上。

因此為了替代閉鎖系統，便想出了使用中間有開一個洞的**路牌**的方法。路牌洞洞的形狀會依閉鎖區間而異，藉由閉鎖區間兩側車站彼此的聯繫，只會從路牌閉鎖機取出一個路牌。

通票或路牌在日本已使用許久，現在幾乎已不復見。那是因為以**機械管理閉鎖**的**自動閉鎖**方式普及之故。

在**列車運轉數量多的路線當中，在一個車站就會設置複數的閉鎖區間，因此在一個車站中，數輛列車就得以安全行駛**。在7-03介紹的閉鎖信號機，閉鎖區間都有界線，會顯示是否能夠繼續前進。

第 **7** 章　列車的運行與鐵道的運用

路牌閉鎖方式

路牌種類

第1種　第2種　第3種　第4種

路牌的使用範例

A站　第1種　B站　第2種　C站　第3種　D站　第1種　E站

第4種的橢圓形很少在使用，
曾在分歧的臨港線等使用過　　第4種　F站

　是使用圓盤狀路牌的閉鎖方式。路牌的洞洞形狀在每個閉鎖區間都不一樣，只有持有特定路牌的列車才得以進入閉鎖區間。路牌是讓閉鎖區間兩側的車站彼此聯繫、並只會讓它出現一個，因此兩輛以上的列車無法進入閉鎖區間，可以防止衝突事故的發生。路牌洞洞的形狀會依不同的閉鎖區間而有所改變。

出處：參考文獻（9）、圖15-4・圖15.5、部分改變

更換路牌

過去在全國的鐵道都可見到路牌的更換。圖片是在JR久留里線的更換作業，但2012年3月閉鎖開始自動化，因此現在已無進行。

7-05 讓列車安全行駛的祕訣⑤
自動列車保安裝置與列車集中控制裝置

在鐵道上，為了讓列車安全行駛、讓業務效率化，使用了各式的裝置，而接下來就介紹其中一部分的**自動列車保安裝置與列車集中制裝置**。自動列車保安裝置是即使駕駛等出現了疏失也能讓列車安全運行的裝置。任何人類都有可能疏失，而且有時經過訓練的人員也會犯下無心的過錯。這叫作人為疏失。**自動列車保安裝置就是一個防止鐵道中因人為疏失造成的列車衝突或追撞事故之裝置。**

在日本鐵道中主要使用的自動列車保安裝置當中，有包括了**自動列車停止裝置（ATS）**與**自動列車控制裝置（ATC）**。一般來說，ATS可以讓列車停止，ATC則是可以讓列車減速，但ATS也有追加測速且讓它減速之機能、接近ATC的種類。ATC是使用在新幹線、地下鐵（除少部分之外）、新交通系統、以JR舊幹線的部分線路上。另外，ATS及ATC是在日本的稱呼，海外也有稱呼以及構造不同的自動列車保安裝置。

由於ATS或ATC設置在線路上的設備很多，因此便開發了在設置及維護上不需花費什麼費用的自動列車保安裝置。這是可以藉由無線測出列車位置的東西，在歐美早已使用，但在日本是從2011年起，被稱為ATACS的自動列車保安裝置就開始使用在JR仙石線上。

列車集中控制裝置（CTC）是可以遠距離操作一定區間的信號機或分歧器的裝置。目標就是可以在指令所統籌管理列車的運行、讓業務更加效率化。

第 **7** 章　列車的運行與鐵道的運用

導入ATACS的JR仙石線

為減少地上設備的成本,便導入由JR東日本開發的新列車保安系統(ATACS)。導入閉鎖區間隨著列車移動的系統,日本是世界最領先的。

了解列車位置的列車運行儀表

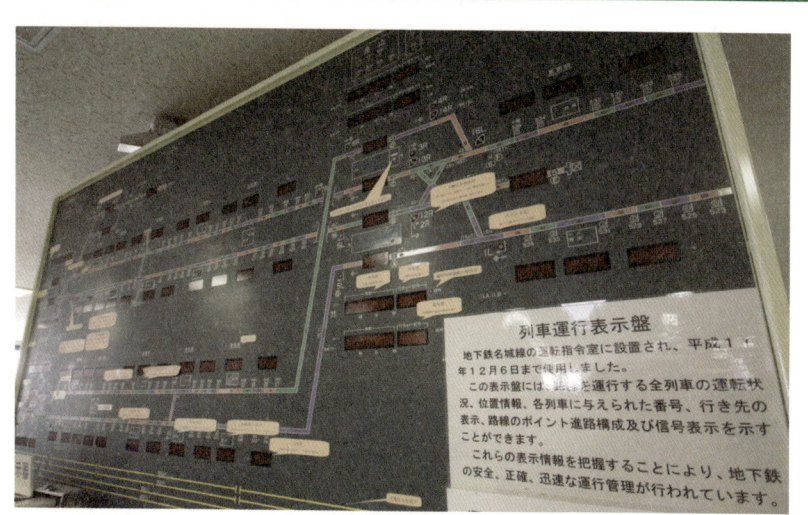

是列車集中控制裝置的一部分,會標示出路線中列車的位置。指令員會一邊看著它,一邊遠距離地操作信號機或是分歧器等。圖片是所屬名古屋市營地下鐵名城線的駕駛指令室。攝於名古屋市營交通資料中心。

183

7-06 讓列車安全行駛的祕訣⑥
ATO與無人駕駛

要防止駕駛員人為疏失所造成的列車事故之方法，就是將駕駛操作一切自動化。在日本，地下鐵或新交通系統的部分路線，導入了與ATC連動的**自動列車運轉裝置（ATO）**，駕駛操作已經自動化。在鐵道車輛方面，由於基本上不需要只有人類才能操作的舵，因此在新交通系統（AGT、HSST）當中，也有的路線已經實施了沒有駕駛員的無人駕駛。在這樣的路線中，會在所有月台設置月台匣門及監視器，讓使用者得以安全上下車。

無人駕駛不只是不需要站務人員、可以節省人事費用，也不需要留守站務人員，因此具有可配合**利用狀況來增加列車班次等的優點**。因此在海外的地下鐵當中，已經出現無人駕駛的路線。例如在被叫作「METRO」的巴黎地下鐵當中，在於1998年開業的最新路線（14號線）進行了無人駕駛，現在在使用者很多的最古老路線（1號線）當中也有實施無人駕駛。

另一方面在日本的地下鐵當中，雖也有導入ATO實施單人駕駛的路線，但還沒有出現像巴黎地下鐵一樣實施無人駕駛的路線。在2005年開業的福岡市營地下鐵七隈線當中，在國內的地下鐵初次導入了全自動駕駛系統，但在**列車的最前方還是有站務人員隨行**。在日本，由於必須要有緊急時刻時在隧道內引導避難的站務人員，因此在技術層面上都會盡可能地去重視使用者的安全與安心，並沒有進行地下鐵的無人駕駛。

第 **7** 章　列車的運行與鐵道的運用

沒有站務人員的「百合海鷗號」

由於實施藉由ATO的自動駕駛，所以並沒有駕駛或站務人員隨行。最前端的座位由於可以一覽臨海副都心的景色，因此很受歡迎。

有站務人員隨行的福岡市營地下鐵七隈線

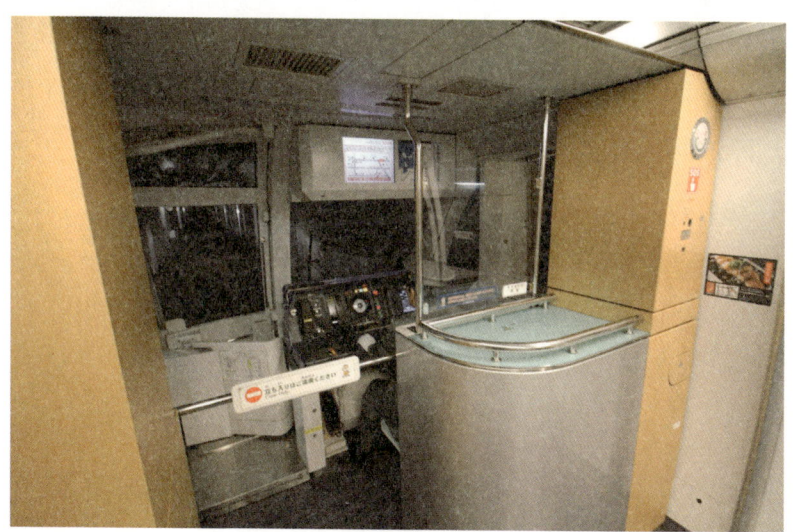

雖有進行將駕駛操作都自動化的全自動駕駛，但為了確保安全，是有站務人員隨行並坐在駕駛座位上。駕駛室與車廂之間並沒有隔間。

185

7-07 讓列車安全行駛的祕訣⑦
防止從月台跌落的月台匣門

　　最近在車站月台的前端，都漸漸開始設置了**匣門**。匣門是為了**防止使用者與列車擦撞事故的機關**，只會在列車出入口的附近開關。匣門有各式各樣的構造，包括從月台覆蓋到天花板的帷幕型、可隔開到其一半高度的可動式月台柵欄，以及纜繩可上下活動的纜繩式等。而在海外也叫作月台幕門。

　　在日本，新交通系統等是使用帷幕型，但近年來設置匣門的車站，則比較常使用設置較容易的**可動式月台柵欄**。在地下鐵當中，也有行駛搬運匣門零件的列車並於車站卸貨，然後在月台上組裝並設置的例子。

　　匣門的設置經常會被誤解成只有車站的改良，**實際上不改良線路或車輛的話，就無法使用匣門**。就像TACS一樣，為了讓列車停放在同樣的位置，若不將支援駕駛的裝置裝設在線路與車輛上的話，匣門與列車的出入口的位置就會錯開，上下車就會產生不便。要全部整頓這樣的設備，在一條路線的所有車站中都設置匣門，需要龐大的費用，這就是匣門設置遲遲沒有進展的一大理由。

　　日本還在考慮導入的**纜繩式匣門**，和帷幕型及可動式月台柵欄相比，防止事故的效果較小，但也具有導入費用較便宜的優點。

第 7 章　列車的運行與鐵道的運用

匣門（帷幕型）

從月台的地板包覆到天花板，月台側的門會隨著列車車門一起開關。地下鐵則可防止風從隧道進入。圖片是京都市營地下鐵東西線。

匣門（可動式月台柵欄）

高度從地板算起約有1.3m。比帷幕型還要便宜、也容易設置。也有的會將匣門部分透明化、以讓小朋友察覺到列車的接近。圖片是福岡市營地下鐵機場線。

7-08 票券和自動驗票機①
從紙張車票到IC卡式車票

最近IC卡式車票普及化，在大都會圈的鐵道購買紙張車票的機會已愈來愈少。就讓我們來探究過去至今的車票變化吧。

將紙張車票來作大致分類，包括了以厚紙張製作的**硬式車票**與以薄紙製作的**軟式車票**。在日本最初的鐵道當中，是使用在1930年代在英國被發想，並於歐洲普及化的硬式車票。之後軟式車票雖出現了，但由於必須要事先印刷運費等情報，在車站必須要常備依據目的地而異的複數車票。

因此，每次發券時會將資訊印刷在捲筒狀薄紙上的軟式車票便登場，**長距離車票或指定席車票等是在窗口的列印機販售，短距離車票則是在自動販賣機販售。**

當自動驗票機一普及，**背面顏色是黑色或茶色的軟式車票**便登場了。使用了背面塗有錄影帶等也有運用的磁性粒子的磁卡式車票，以磁氣來記錄情報，然後藉由自動售票機的磁氣磁頭來讀取。可是這樣的紙張車票，在使用之後就成為了垃圾，作為紙張再利用的費用也會增加。

於是可以反覆使用的IC**卡式車票**便出現了。IC卡式車票只要在自動驗票機感應一下就能通過，因此車票卡在自動驗票機的問題也逐漸減少。另外，也可以先預付一定額度以上的費用就可通過自動驗票機，因此大型車站的自動售票機之數量也減少。**車票不斷地改良，於是就從硬式車票演變成IC卡式車票了。**

第 7 章　列車的運行與鐵道的運用

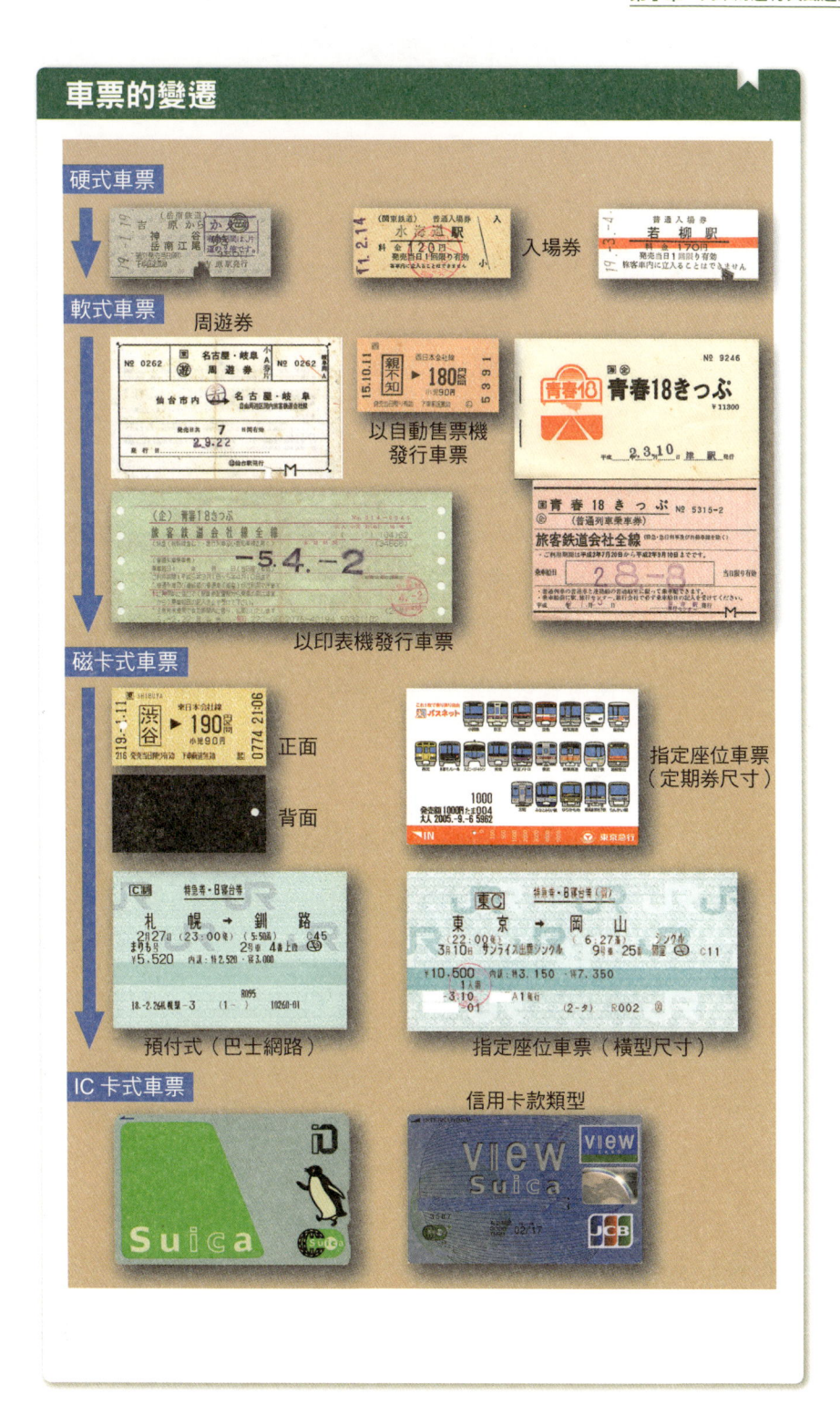

車票的變遷

硬式車票

軟式車票

周遊券

入場券

以自動售票機發行車票

以印表機發行車票

磁卡式車票

正面

背面

指定座位車票（定期券尺寸）

預付式（巴士網路）

指定座位車票（橫型尺寸）

IC 卡式車票

信用卡款類型

189

7-09 票券和自動驗票機②
自動驗票機

　　現在在大都會圈的鐵道當中，幾乎所有車站的驗票口都會有**自動驗票機**。自動驗票機之所以普及，是因為必須要將確認車票內容的驗票業務機械化之故。

　　位於車站的**驗票機**，會從使用者徵收運費等費用、防止非法乘車，但在自動驗票機普及之前，跟地方的車站一樣，即使是在大都會圈的車站，也是由站務人員一張張親自檢查確認車票。將入場者的車票放入**剪票夾**並蓋上**戳印**，就可得知入場的車站，因每個車站的形狀都會不一樣，以防止非法乘車。驗票業務在使用者少的車站是可行的，但**在使用者多的車站就很困難了**。因此就開發了自動驗票機。

　　在費用統一的鐵道當中，很早就已經導入了自動驗票機。例如在紐約的地下鐵，20世紀初就導入了**十字轉門自動驗票機**，只有**投入了叫作token的專用硬幣**的使用者才能推動桿子進入場內。這個自動驗票機在1927年開業的日本第一個地下鐵（現在的東京地下鐵銀座線・淺草～上野間）也曾使用過，但之後因為線路延長、費用不再統一，因此就逐漸不再使用了。

　　所以，使用了可對應依不同距離設定的運費體系之磁卡式車票自動驗票機系統就在日本被開發出來，並於1967年開始應用。這個系統之後在運費體系複雜的JR也開始使用。IC卡式車票普及之後，便開發了比過去更輕巧、只需靠感應的自動驗票機，在無人車站也有設置。

第 7 章　列車的運行與鐵道的運用

十字轉門自動驗票機

日本第一個地下鐵所導入的自動驗票機。投入10元硬幣推桿就會旋轉、然後就能進入。之後由於路線延長、不再有均一費用制，所以就逐漸不再使用。

照片／地下鐵博物館

現在自動驗票機的範例

右邊是磁卡式車票，左邊是對應IC卡式車票。在東京等的大都會圈，兩者都能使用。

照片／伊予鐵道松山市

191

7-10 票券和自動驗票機③
IC卡式車票與自動驗票機

　　IC卡式車票外表看起來像是塑膠製卡片，但內部則是搭載了記錄及記憶資訊的ＩＣ晶片與環狀的天線。

　　IC卡式車票感應一下自動驗票機的讀取接頭，就能透過天線瞬間將記錄在IC晶片上的情報讀取出來，自動驗票機會判斷卡片的主人能否通行。

　　日本的IC卡式車票是由日本開發的，但一開始是被使用在香港的交通系統卡片（OCTOPUS）上。之後由JR東日本運用在Suica上之後，其他的JR旅客各公司或私鐵、巴士等也都有導入，因此現在以大都會圈為中心、全國各地的鐵道或巴士已開始使用了。

　　日本的IC卡式車票是採用一樣的自動售票機系統，但種類會依導入的鐵道事業者或地域而有所不同，並對應各個不同的鐵道網絡，因此當初在卡片種類不同的鐵道上是不能互相利用的。原因是為了可以讓它們彼此互通，成為標的物的車站數量愈來愈多、費用的模式也增加，因此必須要有大幅修正自動驗票機系統程式等的改良。在不斷地改良之下，**自2013年3月開始，全國的IC卡式車票（包含巴士的交通系統IC卡片）就能彼此互通了。**

　　由於IC卡式車票追加了電子錢包的機能，也可替代錢包輕鬆享受購物或外食的樂趣，超越了車票的領域。在首都圈中，驗票機內的店鋪愈來愈多，能利用IC卡式車票享受購物等樂趣的車站也增加了。

第 7 章　列車的運行與鐵道的運用

IC卡式車票的結構

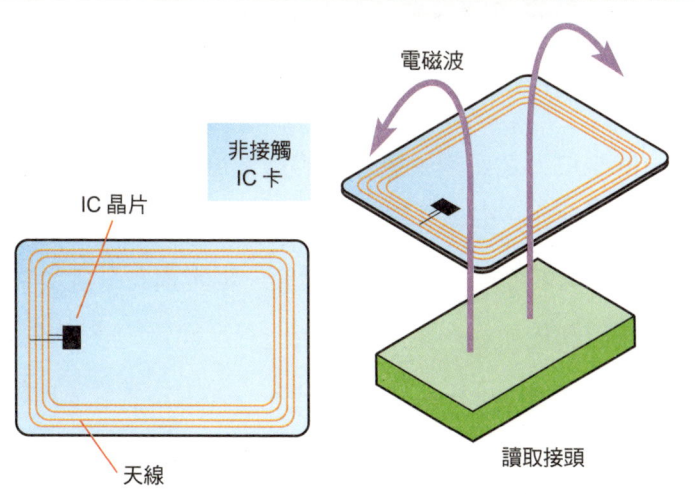

電磁波

非接觸IC卡

IC晶片

天線

讀取接頭

IC卡式車票的內部搭載了記憶情報的IC晶片與環狀的天線，具有記憶的情報量多、不易偽造的特色。將IC卡式車票靠近自動驗票機的讀取頭，就能以電磁波瞬間讀取情報。

以參考文獻【15】作為參考製圖

日本主要的IC卡式車票與區域

Kitaca

ICOCA

TOICA

nimoca

Suica

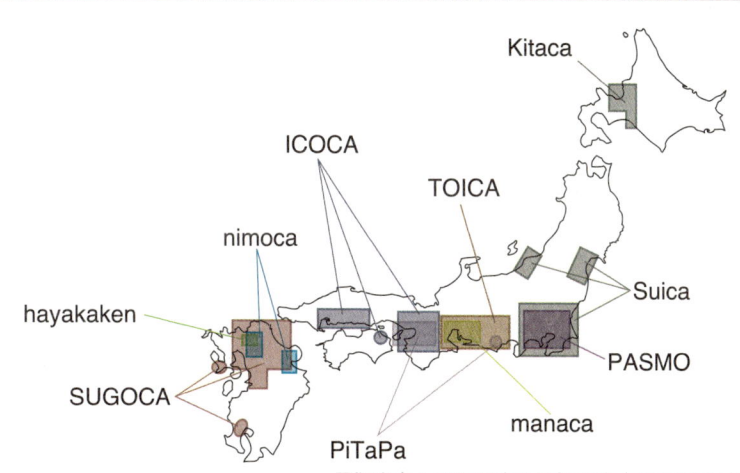

hayakaken

PASMO

SUGOCA

manaca

PiTaPa

圖版出處：JR西日本公關新聞稿（2012年12月18日）

雖然逐漸導入JR旅客各公司或地區私鐵等種類不同的IC卡式車票，但從2013年3月開始，以上十種都能在全國彼此互通利用，標的物包括了鐵道的4275站以及巴士共計21450輛。

193

7-11 票券和自動驗票機④
座位指定預約系統

　　列車的座位，包括指定坐的人的**指定席**。指定席的預約在過去只能在窗口等辦理，但現在已經能操作電腦或手機了。那是因為情報技術發達，個人可以連結到鐵道的座位**指定預約系統**之故。

　　指定座位預約系統，是以電腦統一管理複雜的座位預約情報的系統，代表範例包括了JR集團的MARS。MARS有經手所有全國行駛JR線列車的座位預約情報，只要連結上去，不管在哪都能預約操作。在這個系統被建構完成之前，站務人員都必須要先打電話到預約中心，那裡的職員會查看寫有預約情報的登記冊並予以確認，如果有空位，站務人員才會發行指定座位的車票。

　　在MARS這種座位指定預約系統實用化之後，就可以在車站或旅行社確認預約結果，花費在車票發行上的時間也會縮短。另外由於不再需要電話聯繫，人工作業減少，於是車票發行的失誤也跟著減少了。

　　網路普及之後，過去只能在專用通路進行的預約操作，**現在也能藉由個人或團體持有的電腦來進行**。透過智慧型手機等可以連結到鐵道公司網站之後，在**搭乘列車之前也是可以預約變更的**。現在有包括具備IC卡式車票機能的手機，或是與IC卡式車票連結的預約服務，不需車票就能利用指定席的列車也逐漸增加中。

第 7 章　列車的運行與鐵道的運用

JR集團的MARS

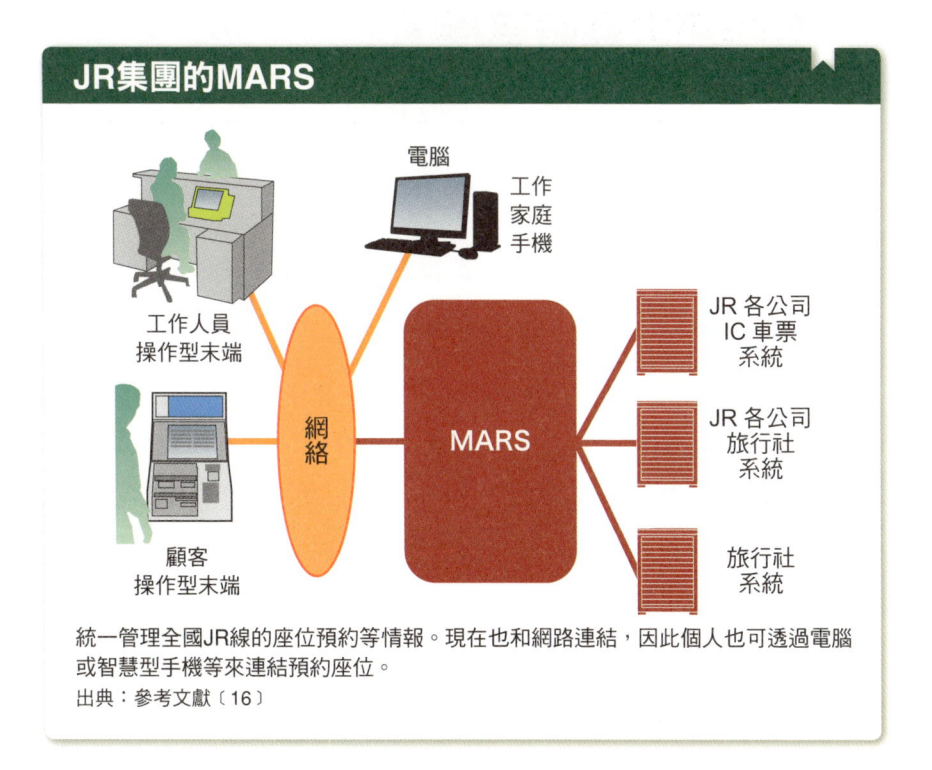

統一管理全國JR線的座位預約等情報。現在也和網路連結，因此個人也可透過電腦或智慧型手機等來連結預約座位。
出典：參考文獻〔16〕

指定座位自動售票機

自動售票機是不用去窗口排隊買票，也能買到指定席或是長程車票。也可以指定座位。圖片是屬於東海道新幹線東京站。

7-12 票券和自動驗票機⑤
日本與歐美收取運費的差異之處

　　日本的鐵道除了無人車站，都會設置驗票機，向所有使用者收取運費，但在海外的鐵道中不一定都是如此。

　　例如在歐美，在地下鐵等都會有驗票機，但一般在大都市的終站都不會有驗票機。因為它們採用了**將車票等的管理委託給使用者、並省略驗票的信用乘車制**。他們的想法是，違法搭乘只要由車掌在車內驗票取諦即可，不需特別設置驗票機。

　　像這樣收取運費方式的差異，在日本過去鮮少提及，但在路面電車改良之後，又重新受到了矚目。

　　歐美的路面電車是使用者在站牌或是附近零售店購入車票來乘車、有時運費則是免費的，因此**在車輛的任一車門皆可自由上下車**。可是由於日本的路面電車，支付運費的運費箱是設置在車內，入口與出口有明確地區分，因此乘客必須在車內移動。由於這**對不方便行動的長者或身障人士等來說是一個阻礙**，因此還在商討對策。

　　在日本的鐵道中，普遍認為要讓信用乘車制普及化是很困難的事。原因是使用者比海外鐵道來得多，而且運費體系很複雜等。可是現在，由於路面電車的便利性提高，因此也逐漸導入使用了IC卡式車票的信用乘車制。

第 7 章　列車的運行與鐵道的運用

設置入口與出口的日本路面電車

日本的路面電車為了防止違法搭乘，因此分別設置了入口與出口。廣島電鐵5100型（圖片），在左右邊入口（黃色部分）與出口各有兩處。

日本與歐美路面電車上下車方法的不同

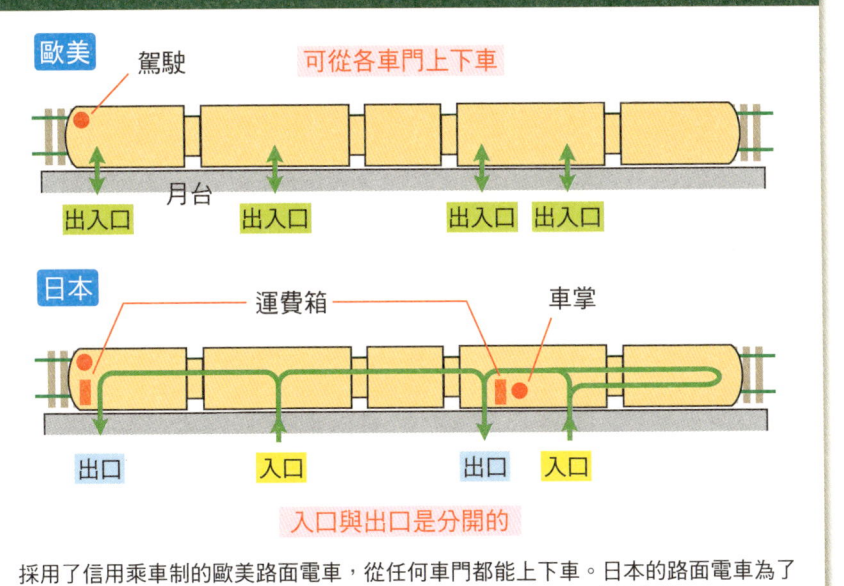

歐美　駕駛　可從各車門上下車
月台
出入口　出入口　出入口　出入口

日本　運費箱　車掌
出口　入口　出口　入口

入口與出口是分開的

採用了信用乘車制的歐美路面電車，從任何車門都能上下車。日本的路面電車為了與入口作區隔，會在出口另外設置運費箱，因此乘客必須要在車內移動。

7-13 塑造更便於利用的鐵道①
指標系統與旅客導覽系統

　　鐵道是大眾運輸系統，為了讓大家更便於利用，必須要去下工夫。

　　其中一例，便是導入引導的**指標系統與旅客導覽系統**，好讓旅客能抵達目的地的乘車處或場所。所謂地指標系統，是**統一導覽招牌等標示、使其一目瞭然去體系化的系統**。

　　依不同路線設定路線顏色並使用在路線圖或導覽招牌上的方法，至今除了日本之外，也運用在各個國家的鐵道上，但倫敦的地下鐵從20世紀初開始，就已經使用以顏色來區分路線的路線圖了。

　　旅客導覽系統是運用**自動播放或薄型螢幕、情報傳達的技術來導覽旅客的系統**。現在在車內的螢幕中，顯示出其他路線的列車運行情報之電車也愈來愈多，而這也是旅客導覽的一部分。將來，使用者手上的智慧型手機等有可能就會作為車站搭乘處的引導工具。

　　導覽使用者的方法，會依技術的發展而有所改變，但**重視讓任何人一目瞭然、簡單明瞭這一點，則是自古至今都不會改變的**。

　　另外在日本，在車站或車內的導覽播放、早已被大家視為理所當然的事，但在海外的鐵道卻鮮少如此。其理由雖不明確，但日本的鐵道和海外相比較為複雜，也許是為了防止搭錯列車或坐過頭，所以才要有這種導覽播放吧。

第 **7** 章　列車的運行與鐵道的運用

指標系統與時刻表

以JR上野站中央驗票機為例。在前方的導覽標示當中，是採用了以顏色區別路線的路線顏色與統一標示的指標系統。顯示列車發車時刻的時刻表是LED式的。

倫敦的地下鐵路線圖

為了得以區別路線，從20世紀初就導入了路線顏色。追求幾何學式的簡易設計風格，也對包括日本的數個海外國家之鐵道路線圖帶來了影響。

7-14 塑造更便於利用的鐵道②
無障礙化與通用設計的採用

　　鐵道的運送力及速度也很重要，但成為大家都能便利使用的大眾運輸工具則是現在的必備條件。鐵道會有無法自行開車的老年人或身障人士等弱勢族群、外國人利用，因此在歐美及日本的鐵道，正積極進行**無障礙化或是通用設計**的採用。**無障礙化就是去除移動的障礙**，通用設計則是不分男女老少等差異、無關語言及文化等，**適合任何人去利用的設計**。

　　無障礙化的例子包括了在車站設置手扶梯或電梯、縮小車體底盤與月台之間的距離等對策，以及設置點字區及多功能廁所等。藉由這樣的貼心設計，輪椅使用者或視障者也都能方便利用了。

　　通用設計的例子，則像是改良車內的吊環、車站編碼、外語的播放或標示等。在JR東日本的新通勤電車上，是使用**握把的三角部分為長條形的皮吊環**，這是為了讓各個身高的人都能握得到所下的工夫。車站編碼是在各個車站標出以英文字母與數字拼成的車站號碼，**讓看不懂日語站名的外國人也能清楚站名**。提到外語播放的例子，像是新幹線等優等列車所進行的英語自動播報，而**九州新幹線則會實施日語、英語、中文及韓語這四國語言的播報**。車站的指標系統不只是英語，也有使用中文或韓語。

第 7 章　列車的運行與鐵道的運用

減少車內段差的低底盤路面電車

在低底盤路面電車當中，包括了將車輪收納在座位下方、讓車內地板變成座椅床的電車，輪椅也可以在車內移動。圖片是廣島電鐵5100型。

吊環的改良範例

將握住的三角形部分上下拉長，讓各個身高的人都容易握住。圖片是JR東日本的通勤電車（E233系）。

車站編碼

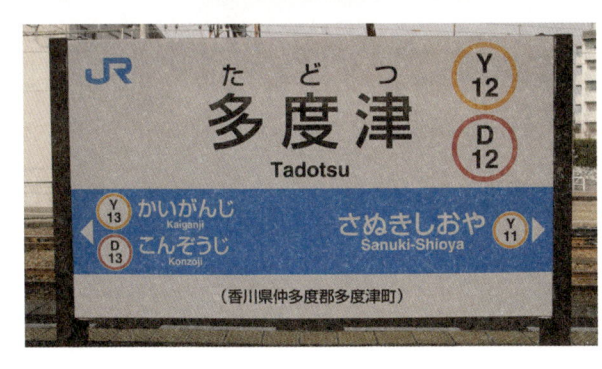

由於是以英文字母來標示路線、以數字來標示車站，因此看不懂日語的外國人也能辨別車站。圖片是全站都有導入車站編碼的JR四國之範例。

201

《参考文献》

[1] 財団法人 鉄道総合技術研究所鉄道技術推進センター・社団法人日本鉄道施設協会共著『わかりやすい鉄道技術[鉄道概論・土木編]』, 財団法人鉄道総合技術研究所鉄道技術推進センター, 2003

[2] 財団法人鉄道総合技術研究所鉄道技術推進センター・社団法人日本鉄道電気技術協会共著『わかりやすい鉄道技術[鉄道概論・電気編]』, 財団法人鉄道総合技術研究所鉄道技術推進センター, 2004

[3] 財団法人鉄道総合技術研究所鉄道技術推進センター・社団法人日本鉄道車両機械技術協会・社団法人日本鉄道運転協会共著『わかりやすい鉄道技術[鉄道概論・車両編・運転編]』, 財団法人鉄道総合技術研究所鉄道技術推進センター, 2005

[4] 公益財団法人鉄道総合技術研究所「鉄道技術用語辞典online」http://yougo.rtri.or.jp/dic/

[5] 鉄道の百科事典編集委員会編『鉄道の百科事典』, 丸善, 2012

[6] 社団法人鉄道電化協会編・発行『電気鉄道便覧』, 1973

[7] 久保田博著『鉄道車両ハンドブック』, グランプリ出版, 1997

[8] 伊原一夫著『鉄道車両メカニズム図鑑』, グランプリ出版, 1987

[9] 江崎昭著『輸送の安全からみた鉄道』, グランプリ出版, 1998

[10] 上浦正樹・須長誠・小野田滋共著『鉄道工学』, 森北出版, 2000

[11] 宮本昌幸著『図解・鉄道の科学』, 講談社, 2006

[12] チャールズ・シンガー編, 平田寛・八杉龍一訳編『技術の歴史1』, 筑摩書房, 1963

[13] 宮本俊光・渡辺偕年著『ゲージの鉄道学』, 古今書院, 2002

[14] 椎橋章夫著『自動改札のひみつ』, 成山堂書店, 2003

[15] Felicaのしくみ, ソニー・ウェブサイト

[16] 旅客販売総合システム「MARS(マルス)」, 鉄道情報システム・ウェブサイト

國家圖書館出版品預行編目資料

鐵道的科學：認識鐵道的運行技術與原理，更快速、更便捷、更舒適的祕訣是什麼？/ 川邊謙一著；林芳兒譯. -- 二版. -- 臺中市：晨星出版有限公司, 2025.07
　面；　公分. --（知的；244）
譯自：鉄道を科学する
ISBN 978-626-420-109-4(平裝)

1.CST: 鐵路工程

442.4　　　　　　　　　　　　　　　　114005038

知的！244	鐵道的科學（暢銷修訂版）：認識鐵道的運行技術與原理，更快速、更便捷、更舒適的祕訣是什麼？ 鉄道を科学する

作者	川邊謙一
譯者	林芳兒
編輯	吳雨書
封面設計	ivy_design
美術設計	曾麗香

創辦人	陳銘民
發行所	晨星出版有限公司 台中市407工業區30路1號 TEL：04-23595820　FAX：04-23550581 E-mail：service@morningstar.com.tw http://www.morningstar.com.tw 行政院新聞局局版台業字第2500號
法律顧問	陳思成律師
出版	西元2025年7月15日　二版一刷

掃描 QR code 填回函，
成為晨星網路書店會員，
即送「晨星網路書店 Ecoupon 優惠券」
一張，同時享有購書優惠。

讀者服務專線	TEL：（02）23672044／（04）23595819#212 FAX：（02）23635741／（04）23595493 service@morningstar.com.tw
網路書店	http://www.morningstar.com.tw
郵政劃撥	15060393（知己圖書股份有限公司）
印刷	上好印刷股份有限公司

定價350元

（缺頁或破損的書，請寄回更換）
版權所有・翻印必究

ISBN 978-626-420-109-4

Published by Morning Star Publishing Inc.
TETSUDOU WO KAGAKU SURU
Copyright © 2013 Kenichi Kawabe
Chinese translation rights in complex characters arranged with SB Creative Corp., Tokyo
through Japan UNI Agency, Inc., Tokyo and Future View Technology Ltd., Taipei
Printed in Taiwan. All rights reserved.